집에서 손쉽게 만드는 이탈리안 가정식

오늘의 파스타

온 가족이 좋아하는 이탈리아 요리, 집에서 간편하게 즐기세요

건강을 위해, 면역력을 키우기 위해 먹거리에 신경 쓰는 사람이 늘고 있죠. 그래서인지 요즘 집밥이 대세예요. 물론 배달 음식이나 냉동식품, 반조리 식품으로 한 끼 식사를 준비하는 경우도 많긴 해요. 간편함을 넘어 맛으로 소문난 제품들도 있어 잘 활용하면 식탁을 차리는 게 그리 어렵지 않게 되었어요.

하지만 배달 음식이나 반조리 식품을 이용하다 보면 뭔가 제대로 된 식사를 하고 싶어지지 않나요? 이왕 집에서 준비하는데 맛은 물론 좀 새롭고 번듯한 음식을 만들고 싶다는 생각도 들고요. 역시 신선한 재료로 직접 만든 음식이 맛도 있고 몸에도 좋으니까요.

요리 실력이 그다지 없어도 몇 가지 재료로 폼 나게 차릴 수 있는 것이 파스타 아닐까요? 면만 삶아 시판 소스에 버무리기만 해도 근사하고 맛있잖아요. 그러다가 올리브오일과 마늘, 소금으로 맛을 내는 알리오 올리오도 만들게 되고, 우유와 생크림을 끓여 만든 크림 스파게티도 뚝딱 만들 수 있게 된답니다.

맛과 건강을 챙기면서 만들기도 쉬운 이탈리아 요리책 한 권 주방에 놓아두면 어떨까요? 기본 조리법만 알면 응용도 가능한 레시피입니다. 면역력을 기르는 건강식으로도 알려진 이탈리아 음식으로 솜씨 한번 발휘해보지 않으실래요?

최승주

Contents

Basics of Italian Dish
이탈리아 요리의 기초

PART 1

Pasta
파스타

PART 2

Gnocchi & Ravioli

뇨키 & 라비올리

PART 3

Risotto & Gratin
리소토 & 그라탱

PART 4

Grilled & Steamed
구이 & 찜

지역에 따라 다른 이탈리아 요리

이탈리아 요리라면 흔히 파스타를 떠올리는데, 이탈리아는 삼면이 바다인 지형적 특성으로 인해 해산물 요리도 발달했습니다. 지역에 따라 개성이 강한 이탈리아 요리의 특징에 대해 알아볼까요?

이탈리아는 지형적인 영향으로 요리문화가 다양하게 발달했다. 특히 북부 지방은 동서로 매우 길어서 요리에 큰 차이를 드러낸다. 산악 지형도 골고루 발달했고, 중북부에는 넓은 평야가 펼쳐져있으며, 삼면이 바다여서 해산물도 풍부하다. 이탈리아는 도시나 지방마다 서로 다른 요리가 발달했으며, 자기 고향의 요리에 대한 자부심이 매우 강하다. 그 때문에 '이탈리아 요리는 없으며, 오직 각 도시의 요리가 있을 뿐이다'라는 말까지 있다.

북부 피에몬테, 제노바, 밀라노

유제품과 해산물, 쌀 요리가 유명

북부는 서쪽의 피에몬테주가 중요하다. 프랑스와 국경을 맞대고 있는데, 프랑스 요리와 많은 영향을 주고받았다. 목축이 발달해서 유제품이 많고, 해산물 요리도 발달했다. 평야도 발달해 쌀 요리가 유명하다. 무엇보다 와인 생산이 활발해 요리에 많이 이용한다. 카르파초와 비슷한 송아지고기 육회, 그리시니와 치아바타 빵, 리소토 알 바롤로(바롤로 와인 향의 쌀 요리), 송아지고기 요리가 유명하다. 생선 요리로는 대구를 많이 쓰는데, 대구를 소금에 절였다가 우유나 술에 풀어서 만드는 요리가 다양하다.

피에몬테 남쪽의 제노바가 주도인 리구리아주도 독자적인 음식문화를 가지고 있다. 바질과 치즈, 잣으로 만든 페스토 제노베제는 이미 세계적인 소스이며, 안초비로 만드는 요리와 올리브, 올리브오일은 이탈리아에서도 최고로 친다. 북부의 중앙은 밀라노가 있는 롬바르디아다. 드넓은 평야가 있어 곡물과 목축이 활발하다. 송아지 정강이찜 요리인 '오쏘부코'가 이곳에서 탄생했으며, 사프란으로 맛을 낸 리소토인 '리소토 알라 밀라네제'가 유명하다. 돈가스로 알려진 돼지고기 커틀릿이 바로 이곳에서 나왔다는 것은 잘 알려지지 않은 사실이다.

남부 나폴리, 시칠리아

모차렐라 치즈 생산지, 재료 맛 살린 요리 유명

남부에 속하는 캄파냐는 나폴리가 주도인 곳으로 알려져 있다. 해물 요리가 유명하지만, 소박하고 재료의 맛을 살리는 옛 그리스풍의 요리도 많다. 토마토와 화이트와인, 가지, 레몬 등을 이용한 요리가 많다. 모차렐라 치즈가 이곳에서 생산된다. 모차렐라 치즈는 물소 젖으로 만드는데, 발효하지 않아 신선하고 쫄깃한 맛이 일품이다. 프레시 모차렐라 치즈와 바질, 토마토로 만드는 샐러드인 카프레제는 세계적으로 인기가 높다.

남부에서도 시칠리아는 스페인의 오랜 지배를 받은 적이 있어 스페인풍의 요리가 많다. 치즈를 거의 쓰지 않는 것이 특징인데, 해산물과 와인, 토마토, 오렌지 등의 요리가 유명하며 디저트도 발달했다. 시칠리아는 또 올리브와 올리브요리가 아주 흔하고, 피망과 가지 요리도 발달했다. 지중해에서 잡은 거대한 황새치, 참치알을 재료로 한 요리도 발달했고 아프리카풍의 쿠스쿠스 요리도 있다.

남동부, 중북부 베네토, 베네치아, 에밀리아 로마냐

오징어 먹물 요리와 프로슈토 햄, 파르메산 치즈의 본고장

동부인 베네토는 옥수수가루 요리인 '폴렌타'와 토마토소스로 요리한 해산물 요리가 유명하다. 동유럽과 인접한 프리울리 베네치아 줄리아는 최상급 프로슈토로 유명하며, 베네치아의 오징어먹물 요리가 인기 있다. 이탈리아 맛의 본고장으로 알려진 중북부의 에밀리아 로마냐는 프로슈토 디 파르마(파르마 햄), 라자냐, 라비올리의 고향이기도 하다. 세계적으로 유명한 파르메산 치즈 역시 이곳이 본고장이며, 발사믹 식초, 토마토 미트소스도 이곳에서 시작됐다.

중부 토스카나

각종 햄과 티본 스테이크, 트러플의 고장

중부의 심장 토스카나는 맛의 고장이다. 각종 살라미와 프로슈토 같은 햄 요리가 유명하며, 해안으로는 해물 요리가 인기 있다. 비스테카 알라 피오렌티나라는 이름의 거대한 티본 스테이크도 유명하다. 멧돼지와 트러플(송로버섯) 요리, 와인을 이용한 다양한 요리가 화려하다.

이탈리아 요리의 종류

이탈리아 요리는 안티파스토, 프리모 피아토, 세콘도 피아토, 디저트의 순서로 진행됩니다. 안티파스토는 전채요리의 일종이며, 이탈리아의 대표 요리인 파스타는 첫 번째 메인요리에 해당합니다.

안티파스토 Antipasto

이탈리아 요리의 안티파스토는 전채요리, 즉 애피타이저다. 프레시 모차렐라와 토마토를 슬라이스해서 만든 카프레제도 안티파스토의 일종이다. 대표적인 안티파스토가 샐러드인데, 샐러드뿐만 아니라 튀기거나 구운 요리도 있다. 생 소시지의 일종인 살라미, 프로슈토 등도 안티파스토라고 할 수 있다.

카프레제

나폴리 앞바다에 있는 카프리섬의 샐러드라는 뜻이다. 프레시 모차렐라와 토마토, 바질, 올리브오일이 주재료다. 올리브오일 대신 발사믹을 뿌리기도 한다.

프로슈토 멜로네

생 햄인 프로슈토에 멜론을 곁들이는 간단한 안티파스토다. 어느 지역 특정 음식이 아니고 전국적으로 먹는다. 보통 와인 안주로 낸다.

브루스케타

마른 빵 위에 토마토 등을 얹어 먹는 간편한 전채요리다. 토마토, 닭간, 날고기, 치즈 등 모든 종류의 재료를 올린다.

프리모 피아토 Primo Piatto

이탈리어어로 '첫 번째 접시'라는 뜻. 본격적인 식사에 해당하는데, 뒤에 이어지는 세콘도 피아토를 생략하고 여기서 식사를 마치기도 한다. 파스타, 리소토, 뇨키, 수프류로 나뉜다.
파스타의 종류로는 스파게티, 라비올리, 라자냐, 탈리아텔레 등이 있다. 뇨키는 감자와 밀가루를 반죽해 만드는 일종의 단자류다. 리소토는 쌀 요리의 일종으로, 기름에 볶는다기보다 치즈를 넣고 육수를 부어 약한 불로 익히는 것이 특징이다. 파스타처럼 심이 살아 있게 살짝 덜 익혀 먹는 게 기본이다.

카르보나라

원래는 염장한 돼지 볼살을 팬에 볶아 달걀을 풀고 파르미지아노 레지아노(파르메산) 치즈를 뿌려서 만드는데, 지금은 베이컨과 생크림, 버터를 넣어 만드는 미국식이 널리 퍼졌다.

페스토

바질과 파르메산 치즈, 올리브오일, 안초비를 넣어 간 소스를 가리키는 것으로, 원래는 페스토 제노베제(제노바의 페스토)가 바른 명칭이다. 스파게티나 생면에 비비면 아주 맛있는 파스타가 된다.

알리오 올리오

오일과 마늘로만 맛을 내는 아주 간단한 스파게티. 남부 스타일로 이탈리아만의 소박하고 간결한 맛을 표현한다.

세콘도 피아토 Secondo Piatto

'두 번째 접시'란 뜻이다. 고기나 생선요리를 주로 내는데, 프리모 피아토로 파스타 종류가 나왔으므로 거창한 스타일의 스테이크보다는 얇게 저며서 레몬즙과 올리브오일만 살짝 뿌려 구운 고기, 소나 돼지, 닭 등의 스튜나 찜, 가벼운 생선구이나 생선찜을 낸다.

디저트 Dessert

이탈리아어로 '돌체(Dolce)'라고도 한다. 돌체란 달콤한 것이라는 뜻이다. 티라미수, 파나코타, 젤라토 등이 이탈리아의 고유한 디저트에 속한다. 커피와 치즈로 유명한 만큼 에스프레소 커피와 마스카포네 치즈를 주재료로 한 티라미수를 이탈리아의 대표적인 디저트로 꼽는다.
치즈도 디저트에 속한다. 이탈리아는 치즈의 나라다. 대표적인 이탈리아 치즈로는 물소 젖으로 만든 모차렐라 치즈, '치즈의 왕'이라 불리는 파르미지아노 레지아노 치즈, 대표적인 블루치즈 고르곤졸라 치즈, 우유의 훼이를 응고시켜 만든 리코타 치즈, 티라미수나 무스케이크의 원료로 쓰이는 마스카포네 치즈 등이 있다.

티라미수

에스프레소 향이 가득한 달콤하고 부드러운 이탈리아의 정통 디저트. 카스텔라와 크림치즈만 있으면 간단히 만들 수 있다.

파나 코타

생크림과 젤라틴, 설탕을 섞어 구운 뒤 식혀서 먹는 푸딩.

소르베토

셔벗. 크림이나 우유를 넣지 않고 굳힌 설탕 디저트.

파스타의 종류에 대해 알아볼까요?

파스타의 종류는 200여 가지가 넘어요. 길이에 따라 롱 파스타와 쇼트 파스타로 나뉘며 롱 파스타는 스파게티, 링귀네, 탈리아텔레 등이 있고, 쇼트 파스타는 펜네, 파르팔레, 푸실리, 마카로니 등이 있어요.

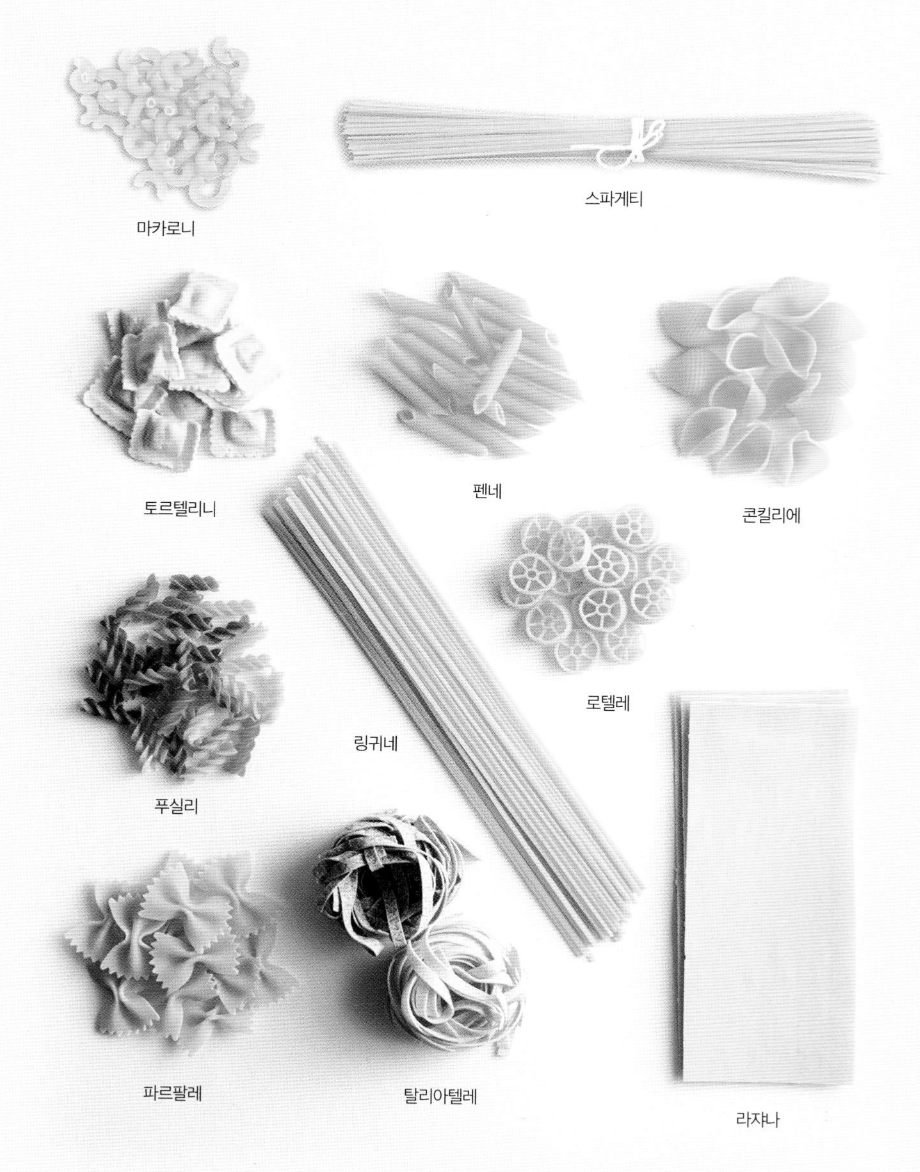

라자냐 Lasagna

넓고 납작한 직사각형으로 밀가루 반죽을 납작하게 밀어서 자른 모양의 파스타. 소스를 준비해 라자냐와 함께 번갈아가며 그릇에 담고 오븐에 구우면 된다.

스파게티 Spaghetti

가장 많이 사용되는 파스타의 하나. 겉보기에는 같거나 비슷해 보여도 포장에 국수 굵기를 표시한 제품도 있어 조리에 맞는 것을 구입하면 된다. 일반 스파게티보다 면발이 가는 것을 '스파게티니'라고 부른다. '스파게티'는 '작은 줄'이라는 뜻이다.

탈리올리니 Tagliolini

아주 가는 파스타. 너비가 2mm 정도로 탈리아텔레보다 가늘다.

탈리아텔레 Tagliatelle

스파게티보다 납작하고 너비가 5~8mm 정도로 넓다. 대개 동그랗게 또아리 틀 듯 말아서 포장된 것이 많다. 시금치를 넣어 색을 낸 탈리아텔레도 있다.

페투치니 Fettuccine

탈리아텔레와 모양은 비슷하지만 좀 더 도톰하고 넓적하며 길이가 긴 편이다.

로텔레 Rotelle

모양이 수레바퀴처럼 생겼다고 해서 이름 붙은 쇼트 파스타. 토마토소스와 잘 어울린다.

파르팔레 Farfalle

나비 모양의 파스타. 파르펠레 역시 크기나 색깔이 다양해 파스타 외에 샐러드에 사용되기도 한다. 삶아 오래 두면 나비 모양으로 맞붙인 부분이 풀릴 수도 있다.

콘킬리에 Conchiglie

조개껍데기와 비슷하기도 하고 덜 핀 장미 꽃잎을 뜯어 놓은 모양과도 흡사하다. 흔히 손톱만한 콘킬리에를 사용하는데, 만두처럼 큰 것도 있어 그 속에 소를 채워 먹기도 한다.

마카로니 Mcaroni

소스에 버무려 샐러드로 즐기거나 치즈를 뿌려 그라탱으로 많이 이용하는 파스타. 수프에 넣기도 한다.

펜네 Penne

펜촉처럼 생겨서 펜네라는 이름이 붙었다. 펜네 표면에 일정한 줄이 있어 소스가 잘 배어든다.

링귀네 Linguine

스파게티를 납작하게 누른 모양의 파스타. 스파게티보다 면이 넓어 소스가 면에 잘 배어든다. 걸쭉한 소스에 잘 어울린다.

토르텔리니 Tortellini

미니 만두처럼 생긴 파스타. 에멘탈이나 리코타 등의 치즈로 속을 채운 것이 많은데 씹는 맛이 좋다. 소스에 버무려 파스타로 즐기기도 하고 수프에 넣어 먹기도 한다.

푸실리 Fusilli

나사 모양으로 생겨 크기와 색깔이 다양하다. 보통 토마토소스나 크림소스에 버무려 일반 파스타로 즐기지만, 냉 파스타나 샐러드에도 많이 이용된다. 나사처럼 생긴 꼬인 부분이 있어 소스 맛이 잘 배어든다.

파스타 삶기를 배워보세요

이탈리아 요리는 파스타 삶는 법만 익히면 기본기는 익힌 셈이에요. 너무 익거나 덜 익지 않고 흰 심이 약간 남은 정도가 되도록 '알덴테'로 삶는 것이 중요합니다.

파스타의 맛 내기 첫째 포인트는 적당히 잘 삶는 것. 파스타가 너무 익거나 덜 익지 않아 씹을 때 특유의 질감을 느낄 수 있어야 한다.
4인분 기준의 파스타를 삶을 때 대개 7~8분 정도가 적당하다. 하지만 굵기와 크기에 따라 조금씩 달리한다. 이 시간보다 1~2분 정도 미리 꺼내어 손톱으로 잘라 보아 가운데에 흰 심이 약간 남아 있는 상태가 알맞다. 이 상태를 '알덴테'라고 하는데 파스타의 쫄깃함을 가장 잘 느낄 수 있다.

1 끓는 물에 소금 넣기

파스타를 삶을 때는 냄비가 깊고 넓은 것이 좋다. 그래야 파스타끼리 달라붙지 않고 모두 알맞은 상태로 익는다. 끓는 물에 소금을 넣으면 물의 끓는점이 빨리 높아져 조리 시간이 단축되고 간도 살짝 밴다.

+ 물의 양은 대개 파스타 분량의 5~6배가 적당하고 소금은 4인분 기준일 때 2~3큰술 정도가 적당하다.

2 파스타 넣기

파스타를 끓는 물에 넣을 때 부채꼴로 펼쳐서 넣는다. 파스타가 냄비 속으로 허물어져 들어가듯 부드럽게 삶아지기 시작하면 젓가락으로 2~3회 정도 휘저어 서로 달라붙지 않게 하는 것이 중요하다. 파르팔레나 펜네 등의 쇼트 파스타는 스파게티나 탈리아텔레 등의 롱 파스타보다 삶는 시간을 조금 더 짧게 잡아도 된다.

3 손톱 끝으로 잘라보기

냄비 속 물이 끓어 파스타가 익기 시작하면 잘 살피고 있다가 5~6분 정도 되면 한 가닥 건져 손톱 끝으로 잘라본다. 가운데 흰 심이 약간 보이면 알맞게 익은 것이다. 흰 심이 너무 많다 싶으면 더 삶고 적당하다 싶으면 건진다.

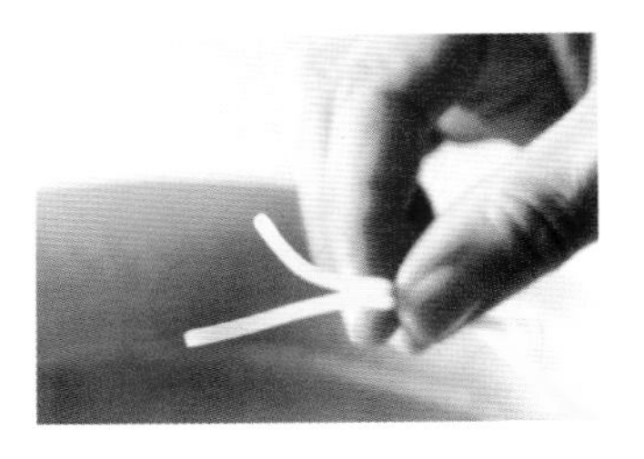

4 올리브오일 뿌리기

넓은 쟁반이나 접시에 삶은 파스타를 건져 담고 올리브오일을 약간 뿌려 버무려 놓으면 파스타끼리 서로 달라붙지 않고 붇지 않아서 좋다. 펜네나 파르펠레 등의 파스타도 삶은 후 오일을 뿌려 놓는다. 소스를 미리 만들어 놓고 삶은 파스타를 소스에 넣어 바로 버무리는 경우 이 과정은 생략할 수 있다. 하지만 많은 양을 준비하거나 소스와 파스타 준비하는 시간이 잘 맞지 않는 경우가 많기 때문에 이렇게 하면 쫄깃한 맛을 그대로 유지할 수 있다.

이탈리아 요리, 맛 내기 비결은 소스

이탈리아 요리의 기본 소스로는 토마토소스, 크림소스가 꼽히고, 올리브오일로 가볍게 드레싱을 해서 재료의 맛을 살리기도 합니다. 이탈리아 요리의 기본 소스에 대해 알아볼까요?

기본 소스 토마토소스, 크림소스, 오일소스

이탈리아 요리에는 소스가 없다?

이탈리아 요리는 소스의 맛보다 재료 본래의 맛을 강조한다. 그래서 이탈리아 요리를 '건강요리'라고 부른다. 이탈리아어로 소스를 '살사'라고도 하는데, 드레싱의 의미보다는 점도가 있고, 고기 요리 등에 곁들여 먹는 소스를 말한다. 토마토소스나 고기 소스, 채소 소스 등이 여기에 해당한다.
정통 이탈리아 요리에서는 진하고 지방 성분이 강하지 않은 가벼운 소스가 주를 이룬다. 대표적인 것이 올리브오일 소스다.

대표적인 소스는 살사, 페스토, 올리브오일

이탈리아 요리의 소스, 즉 살사는 종류가 많은 편이다. 안초비와 올리브, 파슬리, 파르메산 치즈가 주가 된 베르데(그린 소스의 일종)가 그 하나이고, 토마토소스를 기본으로 한 포모도로 등이 두 번째로 많이 조리된다.
소스와 비슷한 개념을 가진 것 중에 '페스토'가 있다. 흔히 제노바식의 바질을 듬뿍 넣은 것만 페스토라고 알고 있는데, 페스토는 뭔가 걸쭉하고 농도가 있는 걸 말한다. 살사가 주로 고기 소스를 말하는 것과 달리, 페스토는 파스타나 전채요리의 소스를 말한다. 안초비와 오이, 고추, 올리브오일을 듬뿍 뿌린 토스카나식 페스토, 제노바식 바질 페스토, 토스카나식 참치나 토마토 페스토 등이 유명하다.
이탈리아 향신료의 으뜸은 역시 올리브오일이다. 올리브오일은 이탈리아 요리의 거의 모든 요리에 들어간다. 샐러드에 뿌리는 올리브오일은 최상급일수록 향긋하고 좋다. 전채요리는 대부분 올리브오일로 마무리하고, 마리네이드도 올리브오일로 한다. 파스타는 크림소스를 제외하고는 대부분 올리브오일로 재료를 볶고 완성한 파스타에 다시 올리브오일을 듬뿍 뿌린다.
고기 요리나 생선 요리 같은 메인요리에도 올리브오일이 빠지지 않는다. 구울 때, 절일 때, 튀길 때도 올리브오일을 사용한다.

대중적으로 사랑받는 기본 소스

토마토소스 이탈리아 요리의 대표적인 소스. 흔히 스파게티 소스 또는 피자 소스라고 부른다. 양파와 당근, 셀러리 등의 채소를 다져서 볶다가 와인과 월계수잎으로 향을 내고 토마토 페이스트를 넣어 조린다. 마지막에 설탕을 조금 섞어 맛을 낸다.

카르보나라 걸쭉한 크림소스. 생크림과 달걀노른자, 파르메산 치즈가루를 섞어서 만든다. 베이컨을 바짝 구워서 뿌려주면 맛이 잘 어울린다.

봉골레 소스 모시조개와 올리브오일, 화이트와인으로 맛을 낸 소스. 팬에 올리브오일을 두르고 으깬 마늘과 고추를 볶아 향을 낸 뒤 삶은 면과 손질한 조개를 넣어 볶는다. 조개가 익으면 화이트와인으로 맛을 낸다.

페스토 소스 신선한 바질과 올리브오일, 파르메산 치즈, 마늘, 견과류 등을 섞어서 만든 소스. 익히지 않고 만드는 제노바식 그린 소스로, 믹서에 곱게 다져서 사용해도 된다.

볼로네즈 토마토소스에 다진 고기를 섞어 만드는 미트소스의 일종. 볼로냐 지방에서 처음 만들어 볼로네즈라는 이름이 붙었다.

토마토소스 만들기

토마토소스는 생토마토를 사용하기보다 통조림 토마토를 사용해서 만든다. 토마토소스, 이탈리아식으로 제대로 만들기 & 파스타 삶기 요령.

재료(50인분)

홀토마토 3kg, 양파 1개, 당근 1/2개, 셀러리 1줄기, 올리브오일 2큰술, 월계수잎 1장, 설탕 1/2큰술, 레드와인 1컵

1 양파와 당근, 셀러리는 곱게 다진다.
2 냄비에 올리브오일을 두르고 다진 양파와 당근, 셀러리를 볶는다.
3 월계수잎을 넣고 와인을 부어 조린다.
4 토마토 홀을 넣고 양이 절반이 될 때까지 약한 불로 오래 끓인다.
5 불을 끄고 월계수 잎을 건져낸 뒤 설탕을 넣어 잘 젓는다.

치즈, 입맛에 따라 골라 먹기

서양의 대표 발효식품인 치즈는 종류만 해도 400여 가지나 됩니다. 모차렐라, 체더, 카망베르 등이 익숙한데 치즈 중에는 생소한 것들도 많아요. 이탈리아 요리에 자주 등장하는 치즈에 대해 알아볼까요?

모차렐라 Mozzarella

흔히 '피자치즈'로도 불리는 부드러운 질감의 치즈. 점성이 강해 열을 가하면 실처럼 길게 늘어난다. 물소의 젖이나 우유 커드로 만들며 단맛과 신맛이 조화를 이룬다. 신선한 샐러드에는 프레시 모차렐라(Fresh Mozzarella)를 쓴다.

체더 Cheddar

대부분의 슬라이스 치즈가 바로 체더치즈다. 영국 체더가 원산지로, 크림색을 띤다. 소나 염소의 젖으로 만들며 부드럽고 고소하며 약간 신맛이 나는 게 특징이다.

카망베르 Camembert

흰 곰팡이를 이용해 숙성시킨 치즈. 프랑스 카망베르 지방이 원산지다. 브리 치즈보다 맛이 더 고소하고 진한 편이다. 브리 치즈와 마찬가지로 둥근 모양을 띠므로 방사형으로 자르면 된다.

브리 Brie

프랑스가 원산지로, 부드러운 나무 향과 버섯 향이 특징이다. 발효 과정에서 치즈 표면에 솜털 같은 하얀 층이 생기는데, 이것이 바로 흰 곰팡이다. 사과나 포도와 함께 먹으면 잘 어울린다.

파르미지아노 레지아노 Parma

이탈리아 북부 파르마 지역에서 난다. 이탈리아어인 '파르미지아노 레지아노(Parmigiano Reggiano)'보다 '파르메산'이라는 미국명으로 더 유명하다. 조직이 단단해 보통 가루로 만들어 사용한다. 파스타나 리소토 등에 많이 넣는다.

고르곤졸라 Gorgonzola

대표적인 블루치즈. 푸른곰팡이가 적어 톡 쏘는 맛이 덜하고, 크림 같은 감촉이 있어 샐러드, 파스타, 드레싱 등 각종 요리의 맛을 돋우는 데 사용하면 좋다. 잘 숙성된 진한 레드와인과 잘 어울린다.

리코타 Ricotta

소나 양, 염소 또는 물소의 우유를 이용해 만든다. 직접 만들기도 쉬운 편이다. 우유를 끓이다가 소금, 화이트와인, 식초를 넣어 굳힌다. 유통기한이 얼마 안 남은 우유로 리코타 치즈를 만들면 좋다.

에멘탈 Emmental

스위스 에멘탈이 원산지로 스위스를 대표하는 치즈다. 숙성시킬 때 가스를 발생시키는 곰팡이를 사용해 치즈 특유의 냄새가 나고, 둥근 구멍(치즈 아이)이 있다. 잘 녹기 때문에 퐁뒤를 만들 때 많이 사용한다.

에담 Edam

네덜란드의 대표적인 치즈로 겉면이 붉은색 왁스로 코팅되어 있는데 반드시 벗겨내고 먹어야 한다. 부드러운 호두 향과 고소한 맛을 갖고 있으며, 숙성이 진행될수록 진한 맛이 난다. 녹는 성질이 있어 굽는 요리에 적합하다.

마스카포네 Mascarpone

티라미수와 무스케이크를 만들 때 주로 사용되는 이탈리아산 크림치즈. 우유에서 분리한 크림을 원료로 사용하기 때문에 지방 함량이 매우 높다. 짠맛이나 치즈 특유의 냄새가 나지 않으며, 맛이 부드럽고 크림 향이 난다.

치즈, 더 맛있게 먹으려면

토마토소스는 생토마토를 사용하기보다는 통조림 토마토를 사용해서 만든다. 토마토소스, 이탈리아식으로 제대로 만들기 & 파스타 삶기 요령.

재료(50인분)

토마토 홀 3kg, 양파 1개, 당근 1/2개, 셀러리 1줄기, 올리브오일 2큰술, 월계수 잎 1장, 설탕 1/2큰술, 레드와인 1컵

1 양파와 당근, 셀러리는 곱게 다진다.

2 냄비에 올리브오일을 두르고 다진 양파와 당근, 셀러리를 볶는다.

3 월계수 잎을 넣고 와인을 부어 조린다.

4 토마토 홀을 넣고 양이 절반이 될 때까지 약한 불로 오래 끓인다.

5 불을 끄고 월계수 잎을 건져낸 뒤 설탕을 넣어 잘 젓는다.

이탈리아 요리의 감초, 허브

이탈리아 요리의 특징은 개성 있는 허브와 향신료에 있다고 해도 지나치지 않아요. 맛을 돋우고 풍미를 좋게 하는 허브와 향신료, 알고 사용하면 맛 내기가 더욱 쉽답니다.

바질 Basil

토마토와 잘 어울리며, 생선에 넣으면 비린내가 가신다. 맛이 강하지만, 독성이 적어 생으로 먹어도 좋다. 해물 파스타에 넣으면 맛있다.

오레가노 Oregano

토마토와 궁합이 좋으며, 생선 요리에 조금 뿌리면 비린내를 잡아준다. 많이 쓸 경우 역효과를 내므로 아주 조금씩 뿌려야 한다. 말린 것이 더 향이 좋다.

파슬리 Parsley

장식용으로 많이 사용하지만 그냥 먹기도 한다. 주로 샐러드에 넣어 먹거나 다져서 드레싱에 섞으면 향이 좋다. 이탈리아 요리에 사용되는 파슬리는 이탈리아 파슬리로 일반 파슬리보다 잎이 넓고 여린 편이다.

월계수잎 Bay leaf

말린 잎이어야 향이 난다. 향이 강한 편이므로 무턱대고 사용하지 말아야 한다. 생선수프를 끓이거나 토마토소스를 만들 때 넣는데, 냄비 가득한 양이어도 월계수잎 2장 정도면 충분하다.

셀러리 Celery

서양요리에 빼놓을 수 없는 향신채소. 특유의 향과 아삭거리는 맛이 좋아 수프나 샐러드에 많이 쓰인다. 주로 줄기 부분을 사용하며, 다져서 드레싱을 만들기도 한다.

루콜라 Rucola

열무와 비슷하게 생긴 향긋한 이탈리아 채소. 약간 떫으면서도 매운맛이 나지만 씹을수록 고소해서 샐러드뿐 아니라 여러 가지 요리에 두루 쓰인다. 피자나 파스타에 토핑으로 얹어도 좋다.

로즈메리 Rosemary

말린 것보다는 생것이 향이 좋다. 닭 요리, 돼지 요리와 궁합이 잘 맞는다. 잘게 다져서 고기 소스를 만들 때 넣기도 하는데, 양을 아주 조금 써야 한다. 버섯을 볶을 때 넣어도 좋고 고기 요리의 장식으로 좋다. 생선과는 궁합이 좋지 않으니 주의할 것.

타임 Thyme

특유의 향이 강해서 '백리향'이라고 부른다. 고기와 생선의 절임, 구이에 쓰인다. 방부 효과가 뛰어나 고기의 보관기간을 늘려주며 맛도 좋게 한다. 줄기를 제거하고 잎을 따서 쓰는데, 어린 것은 줄기째 다져서 써도 좋다. 양고기, 도미 요리에 어울린다.

크레송 Cresson

'물냉이' 라고도 한다. 칼슘, 인, 철분 등 미네랄이 풍부하다. 크레송이 없을 경우 어린잎 채소로 대신하기도 한다. 시든 잎이 없는지 확인하고, 잎이 너무 크지 않은 것을 고른다.

케이퍼 Caper

은매실 꽃의 어린 꽃봉오리를 따서 염장한 뒤 식초에 담근 것으로, 통으로 쓰기도 하고 다져서 생선 요리와 조개 요리에 넣기도 한다. 약간 매운맛이 나며, 안초비와 함께 다져서 페이스트를 만들면 지중해풍 요리에 맛을 내준다.

페페론치노 Peperoncino

아주 매운 작은 고추. 이탈리아 남부지방의 요리에 많이 쓰이며, 1인분에 한 개 정도만 사용한다. 말린 것이 대부분인데 부숴서 쓰기도 한다. 값이 비싼 편이지만 적은 양을 쓰므로 이탈리아산을 구하는 것이 좋다.

사프란 Saffron

사프란 꽃의 암술을 말린 향신료로 특유의 향이 식욕을 자극한다. 이탈리아를 비롯한 지중해 지방의 요리에 많이 이용되며, 실처럼 가늘고 빨간 꽃술을 물에 우려서 사용한다. 조금만 사용해도 노란색이 우러나와 요리에 맛과 멋을 더한다.

Part 1

pasta

파스타

이탈리아의 대표 요리는 역시 파스타라고 할 수 있어요. 누구나 좋아하는 토마토소스 파스타, 고소한 크림소스 맛이 매력인 카르보나라, 모시조개와 올리브오일로 담백하게 맛을 낸 봉골레 등 만들고 쉽고 내 입맛에 잘 맞는 파스타를 모아봤어요. 스파게티 외에 펜네, 탈리아텔레, 링귀네 같은 다양한 파스타로 맛과 모양에 변화를 줘보세요.

토마토소스 해물 파스타

신선한 해물과 토마토소스가 어우러진 해물 스파게티는 많은 사람들이 좋아하는 메뉴죠. 토마토소스로 맛을 내기 때문에 신선한 해물만 준비하면 만들기가 어렵지 않아요.

재료(2인분)

- 스파게티 240g
- 오징어 1/2마리
- 새우(중하) 4~6마리
- 모시조개 6~8개
- 올리브오일 3큰술
- 마늘 3쪽
- 화이트와인 또는 맛술 2큰술
- 토마토소스 2컵
- 소금 조금

만드는 방법

1 해물 손질하기

오징어는 껍질을 벗긴 뒤 링 모양으로 썬다. 새우는 물에 헹구고, 모시조개는 연한 소금물에 담가 해감을 뺀 뒤 껍질을 문질러 씻는다.

+ 모시조개는 잘못하면 모래가 섞이기 쉽다. 연한 소금물에 담가 검은 비닐봉지를 덮어두면 속의 지저분한 것들이 빠져나온다.

2 해물 볶기

달군 팬에 올리브오일을 2큰술 두르고 굵게 으깬 마늘을 볶아 향을 낸다. 오징어, 새우, 모시조개를 넣고 볶다가 화이트와인을 넣는다.

3 토마토소스로 맛 내기

해물이 익으면 토마토소스를 넣어 고루 섞어가며 볶는다.

4 스파게티 삶기

끓는 물에 소금을 조금 넣고 스파게티를 넣어 7~8분 정도 삶아 건진 뒤 오일을 약간 뿌린다. 스파게티 삶은 물 반 컵 정도를 따로 담아둔다.

+ 건져낸 스파게티를 올리브오일로 버무리면 쉽게 불지 않는다

5 스파게티 넣어 버무리기

③의 소스에 스파게티와 스파게티 삶은 물을 붓고 고루 섞어 맛을 낸 뒤 소금으로 간을 맞춘다.

+ 소스에 스파게티 삶은 물을 조금 넣으면 촉촉해져서 맛있다.

봉골레 파스타

담백하고 깔끔한 스파게티를 즐기고 싶다면 봉골레 파스타를 추천합니다. 모시조개의 감칠맛에 매운 고추를 더하고, 조개 삶은 국물을 넉넉히 부어 맛을 내면 칼로리 걱정 없어요.

재료(2인분)

- 스파게티 240g
- 모시조개 12~14개
- 마늘 2쪽
- 페페론치노 2개
- 올리브오일 5큰술
- 화이트와인 2큰술
- 소금·후춧가루 조금씩
- 이탈리아 파슬리 조금

만드는 방법

1 스파게티 삶기
끓는 물에 소금을 조금 넣고 스파게티를 삶아 건진 뒤 올리브오일을 조금 뿌려 버무린다. 스파게티 삶은 물은 반 컵 정도 따로 담아둔다.

2 모시조개 손질하기
모시조개는 연한 소금물에 잠시 담가두었다가 헹궈 건진다.

+ 모시조개 대신 바지락을 사용해도 된다. 조개는 해감을 잘 빼는 것이 중요하다.

3 올리브오일에 볶기
달군 팬에 오일을 두르고 굵게 다진 마늘과 페페론치노를 볶아 향을 낸 뒤 손질한 모시조개를 넣고 화이트와인을 뿌린다.

4 뚜껑 덮어 익히기
모시조개가 충분히 익도록 뚜껑을 덮어 완전히 익힌다.

5 스파게티 넣기
조개가 익으면 삶은 스파게티와 스파게티 삶은 물을 넣고 섞은 뒤 소금·후춧가루로 간한다. 마지막에 이탈리아 파슬리를 굵게 다져 넣는다.

+ 후춧가루는 통후추를 직접 갈아서 넣는 것이 풍미가 더 좋다.

2

3

4

Pasta

화이트와인 소스 해물 파스타

모시조개와 홍합, 오징어, 새우 등 해물을 넉넉히 넣고 화이트와인과 올리브오일로 맛을 낸 파스타입니다. 해물 본래의 맛을 느끼려면 토마토소스보다 화이트와인 소스가 제격이에요.

재료(2인분)

- 스파게티 200g
- 새우(중하) 4마리
- 모시조개 6~8개
- 홍합 6~8개
- 오징어(몸통) 1마리
- 마늘 4쪽
- 바질잎 4장
- 레몬껍질 적당량
- 화이트와인 1/2컵
- 올리브오일 10큰술
- 소금 적당량
- 후춧가루 조금
- 다진 이탈리아 파슬리 적당량

만드는 방법

1 해물 손질하기

새우는 머리를 떼어내고 칼집을 넣어 내장을 빼낸다. 홍합은 문질러 씻고, 모시조개는 소금물에 담가 해감을 뺀다. 오징어는 껍질을 벗긴다.

+ 모시조개 대신 바지락을 넣어도 좋다. 오징어 껍질은 종이타월을 손에 쥐고 벗기면 쉽다.

2 스파게티 삶기

끓는 물에 소금을 조금 넣고 스파게티를 넣고 삶아 건진다. 스파게티 삶은 물은 두 국자 정도 따로 담아둔다.

3 마늘 볶기

팬에 올리브오일 6큰술을 넣고 약한 불에서 굵게 으깬 마늘과 바질잎, 레몬껍질을 넣어 볶은 뒤 불을 끈다.

+ 팬의 기름이 튀지 않도록 불을 잠시 꺼서 열기를 죽인 뒤 해물을 넣는다.

4 해물 볶기

③에 해물을 넣고 30초간 볶은 뒤 와인을 붓고 뚜껑을 덮어 익힌다.

+ 화이트와인은 알코올 도수가 11~14도 정도 되는 드라이한 것을 고른다.

5 마무리하기

조개가 입을 벌리면 스파게티 삶은 물을 넣고 스파게티를 넣어 끓인다. 남은 올리브오일 4큰술을 넣고 다진 이탈리아 파슬리와 후춧가루를 뿌린다.

1

4

5

올리브 마늘 파스타

마늘 향이 진하게 배어나오는 매콤한 맛의 오일 파스타입니다. 다른 재료 없이 마늘과 매운 고추만 넣고 볶다가 스파게티를 넣어 섞으면 되기 때문에 만들기도 쉬워요.

재료(2인분)

- 스파게티 240g
- 마늘 4쪽
- 올리브 6개
- 페페론치노 4개
- 올리브오일 5큰술
- 소금·후춧가루 조금씩
- 파슬리 조금

만드는 방법

1 스파게티 삶기

끓는 물에 소금을 조금 넣고 스파게티를 7~8분 정도 삶아 건진 뒤 오일로 버무린다. 스파게티 삶은 물은 1/2컵 정도 따로 담아둔다.

2 마늘·올리브 준비하기

마늘은 도톰하게 저미거나 굵직하게 으깨고 올리브는 반으로 자른다.

3 페페론치노 볶기

달군 팬에 올리브오일을 두르고 페페론치노를 넣어 매운맛이 기름에 배도록 볶는다.

+ 페페론치노는 매운맛이 강한 것이 좋다. 큼직하게 잘라서 쓴다.

4 마늘·올리브 볶기

기름에 매운맛이 돌면 마늘과 올리브를 넣고 함께 볶아 맛을 낸다.

+ 올리브오일은 진한 맛의 엑스트라 버진을 사용하고 오일을 넉넉히 넣으면 좋다.

5 스파게티 넣어 버무리기

삶은 스파게티를 넣어 버무리고 스파게티 삶은 물을 붓는다. 마지막에 이탈리아 파슬리를 다져서 넣고 소금·후춧가루로 간한다.

2
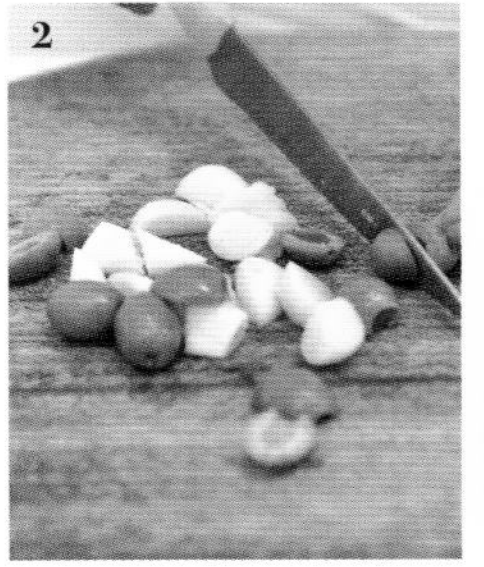

4

5

Pasta

블랙 올리브를 올린 시칠리아식 스파게티

모시조개와 조개국물 맛이 어우러진 시칠리아식 스파게티입니다. 시칠리아식 스파게티에는 안초비가 제격인데 안초비가 없다면 조개젓이나 멸치젓을 넣어보세요. 색다른 맛이 납니다.

재료(2인분)

- 스파게티 200g
- 가지 1/2개
- 블랙 올리브 6개
- 방울토마토 4개
- 마늘 4쪽
- 모시조개 8개
- 조개국물 1컵
- 화이트와인 1컵
- 올리브오일 10큰술
- 소금 4큰술
- 후춧가루 조금

만드는 방법

1 가지 썰기
가지는 꼭지를 떼고 반 잘라 먹기 좋은 크기로 자른다.

2 올리브·토마토 썰기
올리브는 손으로 눌러 으깨고, 방울토마토는 반 자른다.

3 재료 볶기
팬에 올리브오일 6큰술을 두르고 으깬 마늘을 넣어 볶는다. 여기에 가지를 넣고 노릇하게 볶다가 방울토마토, 올리브를 넣어 살짝 더 볶는다.

+ 마늘은 으깨거나 저며서 쓴다.

4 모시조개·와인 넣어 익히기
모시조개를 넣고 화이트와인을 부어 뚜껑을 덮는다. 조개가 입을 벌리면 조개육수를 붓고 졸인다.

+ 모시조개는 해감을 뺀 뒤 사용한다. 모시조개는 바지락으로 대체해도 된다. 안초비나 멸치젓을 조금 넣으면 더 맛이 좋다.

5 스파게티 삶기
끓는 물에 소금을 조금 넣고 스파게티를 삶아 건진다.

6 스파게티 넣어 버무리기
스파게티를 ④의 팬에 넣어 섞고 스파게티 삶은 물을 조금 넣는다. 올리브오일 4큰술 정도를 넣어 윤기를 내고 소금·후춧가루로 간을 맞춘다.

1

2

4

Pasta

로제소스 명란 파스타

토마토소스와 생크림으로 맛을 낸 뒤 명란을 삶아서 함께 섞어 만든 스파게티입니다.
파프리카와 양파, 올리브 등의 부재료도 자연스럽게 어우러져서 고소하고 맛있어요.

재료(2인분)

- 스파게티 240g
- 명란 80g
- 주황·노랑 파프리카 1/4개씩
- 양파 1/4개
- 블랙 올리브 8개
- 토마토소스 1컵
- 생크림 1/3컵
- 올리브오일 3큰술
- 소금·후춧가루 조금씩
- 이탈리아 파슬리 조금

만드는 방법

1 명란 발라내기

명란은 소금을 넣은 끓는 물에 익힌 뒤 건져 껍질을 갈라 알만 발라낸다.

+ 명란 대신 명란젓을 이용해도 좋다.

2 채소 볶기

파프리카와 양파는 채 썰어 달군 팬에 올리브오일을 두르고 채 썬 파프리카와 양파를 볶는다. 중간에 블랙 올리브를 넣고 소금으로 약하게 간한다.

+ 파프리카와 양파를 손질할 때 너무 크지 않게 잘라야 명란과 잘 어우러진다.

3 토마토소스·생크림 넣기

②에 토마토소스를 넣고 끓이다가 생크림을 넣고 고루 저어가며 끓인다.

4 명란 넣기

소스가 잘 섞이면 명란을 넣어 고루 젓고, 소금·후춧가루로 간을 맞춘다.

+ 명란젓을 넣을 때는 따로 소금간을 하지 않아도 된다. 맛을 봐가면서 간을 맞춘다.

5 스파게티 삶기

끓는 물에 소금을 조금 넣고 스파게티를 삶아 건진다.

6 스파게티 넣어 버무리기

④에 삶은 스파게티를 넣어 섞은 뒤 접시에 담고 파슬리를 다져서 뿌린다.

1

3

4

달걀을 올린 카르보나라

이탈리아의 오리지널 카르보나라는 달걀노른자로만 맛을 내죠. 여기서는 달걀노른자와 생크림을 반반 섞어서 만들었어요. 달걀만 넣을 때는 1인분에 달걀노른자 1개가 적당합니다.

재료(2인분)

- 스파게티 200g
- 달걀노른자 4개
- 생크림 1컵
- 베이컨 2줄
- 다진 양파 3큰술
- 파르메산 치즈가루 4큰술
- 버터 1큰술
- 소금 2큰술
- 후춧가루 조금
- 다진 이탈리아 파슬리 1큰술
- 파르메산 치즈가루 적당량

만드는 방법

1 달걀 준비하기

달걀노른자는 소스용 2개, 토핑용 2개를 합해서 모두 4개 준비한다.

+ 달걀은 유정란으로 해야 고소하고 맛있다. 토핑용 노른자는 올리지 않아도 된다.

2 베이컨·양파 볶기

팬에 버터 1큰술을 녹인 뒤 먹기 좋게 썬 베이컨과 양파를 넣어 볶는다.

+ 버터는 너무 많이 넣으면 느끼하고 완성했을 때 기름기가 분리되어 보기 싫다.

3 생크림 넣어 끓이기

②에 생크림 1컵을 붓고 살짝 끓인다.

4 달걀노른자 넣기

불을 끈 뒤 노른자 2개를 넣고 재빨리 나무주걱으로 젓는다. 노른자가 잘 풀리도록 한 뒤 치즈가루와 다진 파슬리를 넣고 다시 잘 젓는다.

+ 이탈리아 파슬리가 없으면 실파를 다져 얹는 게 좋다.

5 스파게티 삶기

끓는 물에 소금을 조금 넣고 끓이다가 스파게티를 넣고 삶아 건진 후, ④에 넣고 고루 섞는다. 스파게티 삶은 물을 넣어 농도를 조절한다.

6 접시에 담기

접시에 1인분씩 덜어 담고 가운데 구멍을 낸 뒤 남은 달걀노른자 하나씩을 올린다. 마지막에 후춧가루와 치즈가루를 뿌린다.

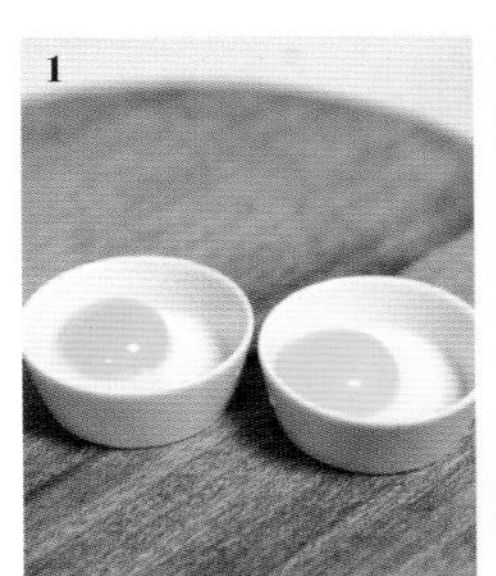
1

2

4

새우를 넣은 카르보나라

새우와 베이컨, 버섯, 양파가 진한 크림과 어우러진 크림 파스타. 크림소스를 만들 때 생크림을 많이 넣으면 느끼하고 줄이면 맛이 싱거우니 적당히 넣는 것이 중요합니다.

재료(2인분)

- 스파게티 240g
- 새우4마리
- 양송이버섯 4개
- 마늘 4쪽
- 양파 1/3개
- 베이컨 3줄
- 달걀노른자 1개
- 올리브오일 4큰술
- 생크림 2/3컵
- 우유 1/2컵
- 소금·후춧가루 조금씩
- 이탈리아 파슬리 적당량

만드는 방법

1 재료 손질하기

새우는 꼬리만 남기고 껍데기를 벗긴다. 양송이와 마늘은 저미고 양파는 굵게 채 썬다. 베이컨은 먹기 좋은 크기로 자른다.

+ 진한 맛을 즐기려면 머리와 껍데기째 그대로 사용한다.

2 스파게티 삶기

끓는 물에 소금을 조금 넣고 스파게티를 넣어 7~8분 정도 삶아 건진다. 스파게티 삶은 물은 1/3컵 정도 덜어둔다.

+ 스파게티 대신 면발이 굵은 탈리아텔레를 사용해도 좋다.

3 부재료 볶기

달군 팬에 올리브오일을 두르고 마늘과 양송이, 양파를 볶는다.

4 새우·베이컨 볶기

채소가 익기 시작하면 새우와 베이컨을 넣어 볶다가 스파게티 삶은 물을 붓는다.

5 생크림·우유 넣기

생크림과 우유를 넣고 중불에서 끓이다가 달걀노른자를 넣고 고루 섞는다.

6 스파게티 넣기

삶은 스파게티를 넣고 소스가 고루 배도록 휘저어 섞은 뒤 불에서 내린다. 소금·후춧가루로 간을 맞추고 파슬리를 잘라 얹는다.

3

5

6

조개관자 스파게티

키조개 관자는 오래 볶아도 질겨지지 않고 뽀얀 국물이 우러나와 맛있어요. 조개 요리는 파스타와 특히 잘 어울리는데 화이트와인을 되도록 많이 부어주는 게 포인트입니다.

재료(2인분)

- 스파게티 200g
- 키조개 관자 2개
- 그린 올리브 8개
- 방울토마토 8개
- 레몬껍질 조금
- 조개국물 2/3컵
- 화이트와인 1/2컵
- 마늘 4쪽
- 올리브오일 8큰술

만드는 방법

1 관자 저미기

키조개 관자는 신선한 것으로 준비해 깨끗하게 손질한 뒤 얇게 저민다.

+ 키조개 관자의 흰 부분은 질기므로 떼어내야 하고, 관자 둘레의 얇은 막도 벗겨야 한다. 이것들은 버리지 말고 조개국물을 끓일 때 넣으면 좋다.

2 토마토 자르기

방울토마토는 꼭지를 뗀 뒤 반으로 자르고 레몬껍질은 잘게 썬다.

3 마늘 볶다가 관자 넣기

팬에 올리브오일 6큰술을 두르고 저미거나 으깬 마늘을 볶다가 관자를 넣고 볶는다.

+ 채 썬 양파 1/2개나 대파의 흰 부분 10cm 정도를 넣어 만들어도 맛있다.

4 조개국물 부어 조리기

③에 올리브, 방울토마토, 레몬껍질을 넣어 함께 볶다가 화이트와인을 부어 향을 날리고 조개국물을 부어 조린다.

5 스파게티 삶아 섞기

끓는 물에 소금을 조금 넣고 스파게티를 넣고 삶아 건진다. 삶은 물을 한 국자 정도 따로 담아두고, 건진 스파게티는 소스에 넣고 살짝 볶는다.

6 오일 넣어 섞기

올리브오일 2큰술을 넣어 섞고 스파게티 삶은 물을 한 국자 정도 부어 농도를 맞춰가며 고루 섞어 맛을 낸다.

1

3

4

Pasta

참치 올리브오일 스파게티

냉동 참치를 스테이크처럼 구워 스파게티에 곁들이면 한 끼 식사로도 든든하죠.
소금간 대신 미소된장 소스를 바르고 통깨를 입혀 일식 스타일로 구워도 맛있어요.

재료(2인분)

- 스파게티 240g
- 냉동 참치 120g
- 토마토 1개
- 마늘 5쪽
- 화이트와인 2큰술
- 루콜라 조금
- 올리브오일 5큰술
- 소금·후춧가루 조금씩

만드는 방법

1 참치 간하기

냉동 참치는 부드럽게 해동한 뒤 큰 조각으로 잘라 소금·후춧가루를 뿌린다.

2 참치 굽기

달군 팬에 올리브오일을 1큰술 정도 두르고 마늘을 볶다가 참치를 넣어 굽는다. 앞뒤로 뒤집어가며 반 정도 익힌 다음 화이트와인을 뿌린다. 구운 참치는 먹기 좋은 크기로 저며 썬다.

+ 참치를 구울 때 미소된장이나 데리야키 양념을 듬뿍 발라 구워도 맛있다. 참치를 그릴에 살짝 구우면 더욱 맛있다.

3 스파게티 삶기

끓는 물에 소금을 조금 넣고 스파게티를 쫄깃하게 삶는다. 스파게티 삶은 물 1/2컵은 따로 담아둔다.

4 스파게티 볶기

참치를 구워낸 팬에 올리브오일 4큰술을 두르고 삶은 스파게티를 넣어 고루 볶다가 소금을 조금 넣어 약하게 간한다.

5 토마토 넣기

토마토는 껍질을 벗겨 굵직하게 썬 뒤 ④에 넣고 가볍게 볶는다. 스파게티 삶은 물을 붓고 한 번 더 볶은 뒤 얼른 불에서 내린다.

6 접시에 담기

접시에 볶은 스파게티를 담고 구운 참치를 올린다. 위에 루콜라를 얹는다.

2

5

6

Pasta

햄 양파 스파게티

햄과 소시지, 양파는 잘 어울리는 재료입니다. 마늘만 넣으면 쓴맛이 나지만 양파를 더해 맛이 좋아요. 햄은 프로슈토 코토(익힌 프로슈토 햄)를 쓰면 좋지만, 스팸을 써도 괜찮아요.

재료(2인분)

- 스파게티 200g
- 햄(스팸) 120g
- 양파 1개
- 닭육수 1/2컵
- 올리브오일 6큰술
- 마늘 4쪽
- 세이지 또는 바질잎 조금
- 소금 4큰술

만드는 방법

1 햄 썰기

햄은 주사위 모양으로 네모지게 썬다.

+ 햄 대신 소시지로 대체할 수 있다.

2 양파 썰고 마늘 으깨기

양파는 반 갈라 채 썰고 마늘은 굵게 으깨어 놓는다.

+ 면은 링귀네로 해도 좋다.

3 스파게티 삶기

냄비에 물을 넉넉히 붓고 소금을 조금 넣은 뒤 스파게티를 넣어 삶는다. 스파게티 삶은 물은 따로 덜어둔다.

4 재료 볶기

팬에 올리브오일 4큰술을 두르고 채 썬 양파와 으깬 마늘을 볶다가 세이지 또는 바질잎을 넣는다. 다시 햄을 넣고 볶다가 닭 육수를 부어 조린다.

+ 양파가 갈색이 되도록 볶아야 진한 맛이 난다. 마늘을 다져 넣으면 타버리므로 으깨어 넣는다. 닭육수가 없으면 스파게티 삶은 물로 대신한다.

5 스파게티 넣어 버무리기

팬에 스파게티를 넣고 볶으면서 올리브오일을 2큰술 더 넣고 스파게티 삶은 물을 조금 넣어 농도를 맞춘다.

+ 크림소스로 만들어 먹어도 맛있다. 이때는 올리브오일 대신 버터를 쓰고 마늘은 사용하지 않는다. 생크림은 3컵 정도를 준비한다.

2

4

5

홍합 두반장 파스타

두반장은 중국 식재료지만 우리 입맛에도 잘 맞는 편이죠. 육류, 생선, 해물, 채소 등 어떤 재료와도 잘 어울리는데 홍합 스파게티에 섞으면 개운한 맛이 그만이에요.

재료(2인분)

- 스파게티 240g
- 홍합 20개
- 레몬 1/2개
- 이탈리아 파슬리 조금
- 양송이버섯 5개
- 피망·양파 1/4개씩
- 올리브오일 3큰술
- 두반장 2큰술
- 설탕 2작은술
- 소금·후춧가루 조금씩

만드는 방법

1 홍합 삶기

홍합은 껍데기 사이 이물질을 제거하고 맑은 물에 헹군다. 냄비에 물을 붓고 저민 레몬과 이탈리아 파슬리와 함께 삶는다. 입이 벌어지면 불을 끈다.

+ 레몬과 이탈리아 파슬리 대신 마늘이나 청양고추를 넣고 삶아도 좋다.

2 국물 따르기

삶은 홍합은 건지고 국물은 체에 한 번 걸러 맑은 국물만 1½컵 정도 받는다.

3 채소 볶기

양송이는 껍질을 벗기고 도톰하게 저며 썬다. 피망, 양파는 굵직하게 채 썰어 달군 팬에 올리브오일을 두르고 볶는다.

4 두반장 넣기

양송이가 숨이 죽으면 두반장을 넣고 홍합 삶은 국물을 부은 뒤 고루 젓는다.

+ 두반장은 짠맛이 조금 강한 편이므로 설탕을 조금 넣어 중화시킨다. 굴소스를 1작은술 정도 넣으면 맛이 더 좋아진다.

5 홍합 넣기

④에 삶은 홍합을 넣고 간이 배도록 고루 뒤섞는다.

6 스파게티 삶아 버무리기

끓는 물에 소금을 조금 넣고 스파게티를 삶아 건진 다음 ⑤의 홍합 두반장 소스에 넣고 고루 섞는다.

1

2

4

Pasta

홍합 방울토마토 스파게티

주변에서 쉽게 구할 수 있는 홍합과 방울토마토로 맛을 낸 매콤한 스파게티입니다. 페페론치노를 넣고 맵게 만들어 우리 입맛에 잘 맞아요. 페페론치노 대신 청양고추를 넣어도 됩니다.

재료(2인분)

- 스파게티 200g
- 홍합 20개
- 방울토마토 8개
- 올리브오일 6큰술
- 화이트와인 1컵
- 바질잎 4장
- 페페론치노 4개
- 마늘 4쪽
- 이탈리아 파슬리 적당량

만드는 방법

1 홍합 손질하기
홍합은 수염을 떼고 잘 손질한 뒤 찬물에 2시간 정도 담가 짠 기운을 뺀다.

2 토마토 손질하기
방울토마토는 씻어 꼭지를 떼고 반으로 자른다.

3 홍합 익히기
마늘을 으깬 뒤 팬에 올리브오일 6큰술을 두르고 볶는다. 갈색으로 익으면 불을 끄고 홍합과 방울토마토를 넣은 뒤 다시 불을 켠다. 여기에 페페론치노를 부수어 넣는다.

+ 불을 끄는 이유는 뜨거운 기름에 홍합이 들어가면 튀기 때문이다. 소금간은 별도로 하지 않아도 된다. 페페론치노가 없으면 청양고추를 다져 넣어도 된다.

4 와인 붓기
③에 화이트와인을 붓고 즉시 뚜껑을 덮어 홍합이 입을 벌릴 때까지 익힌다.

5 스파게티 삶기
끓는 물에 소금을 조금 넣고 스파게티를 삶아 건진다.

6 스파게티 버무리기
④에 스파게티를 넣은 뒤 남은 올리브오일을 넣고 고루 섞는다. 이탈리아 파슬리가 있으면 곱게 다져 넣고 후춧가루는 기호에 따라 살짝 뿌린다.

1

3

4

Pasta

치즈 없은 토마토소스 펜네

토마토소스와 치즈로 맛을 낸 나폴리 스타일의 파스타입니다. 펜네는 스파게티보다 조리하기 쉬울 뿐만 아니라 먹기도 간편해 아이들 별식으로 준비해주면 아주 좋아할 거예요.

재료(2인분)

- 펜네 200g
- 양파 1/2개
- 다진 마늘 2큰술
- 올리브오일 3큰술
- 토마토소스 1컵
- 모차렐라 치즈 80g
- 소금·후춧가루 조금씩
- 다진 이탈리아 파슬리 적당량

만드는 방법

1 펜네 삶기

끓는 물에 소금을 조금 넣고 펜네를 넣어 7~8분간 삶아 건진다. 오일을 1큰술 정도 뿌려 붇지 않도록 고루 섞는다. 펜네 삶은 물 1/2컵은 따로 담아둔다.

+ 펜네는 다른 파스타에 비해 면발이 굵으므로 더 오래 삶아야 하지만 씹는 맛을 즐기려면 심이 보일 정도인 알덴테로 삶아도 된다.

2 양파 볶기

달군 팬에 올리브오일을 2큰술 두르고 굵게 채 썬 양파와 다진 마늘을 넣어 양파와 마늘 향이 배도록 볶는다.

3 펜네 삶은 물 넣어 끓이기

양파가 살짝 익으면 펜네 삶은 물을 붓고 한소끔 살짝 끓인다.

4 토마토소스 넣어 끓이기

③에 토마토소스를 넣고 고루 섞이도록 저어가며 끓이다가 소금·후춧가루로 간을 맞춘다.

5 펜네·치즈 넣기

토마토소스에 펜네를 넣어 섞고 치즈를 넣는다. 치즈가 녹도록 고루 저은 뒤 불에서 내린다.

6 그릇에 담기

다 되면 그릇에 담고 다진 파슬리를 뿌려 향과 맛을 더한다.

1

3

5

매운 토마토소스 봉골레 펜네

나폴리식 토마토소스 파스타에 페페론치노를 넣어 매운맛을 내봤어요. 펜네 대신 다른 쇼트 파스타를 써도 좋고, 일반 면도 잘 어울립니다.

재료(2인분)

- 펜네 160g
- 모시조개 12개
- 베이컨 2줄
- 토마토소스 1½컵
- 바질잎 4장
- 마늘 4쪽
- 올리브오일 6큰술
- 페페론치노 4개
- 닭육수 1컵
- 토마토소스 3컵
- 후춧가루 조금
- 소금 3큰술

만드는 방법

1 모시조개 해감 빼기
모시조개를 소금물에 잠시 담가둬 해감을 토하게 한 뒤 맑은 물에 헹군다.

2 토마토소스 끓이기
토마토소스에 큼직하게 자른 바질잎을 넣어 끓인다.

3 펜네 삶기
끓는 물에 소금을 조금 넣고 펜네를 넣어 삶는다. 삶을 때 가끔 저어준다.

4 베이컨과 마늘 볶기
베이컨은 적당히 썰어 올리브오일 4큰술 두른 팬에 으깬 마늘과 함께 볶는다.

5 모시조개 삶기
물기를 뺀 조개를 넣어 뚜껑을 덮어 익힌 뒤 조개가 익어 입을 벌리면 건진다.

6 소스에 페페론치노 넣어 끓이기
바질잎을 넣어 끓인 토마토소스에 닭육수를 붓고 볶은 베이컨과 마늘을 넣어 한소끔 끓인 뒤, 페페론치노를 부수어 넣고 조금 더 끓인다.

7 펜네 넣어 버무리기
삶은 펜네를 소스에 넣어 잘 비빈 뒤 소금간을 하고, 남은 올리브오일 2큰술과 후춧가루를 넣어 완성한다. 소스가 약간 되직해야 더 맛있다.

+ 파르메산 치즈가루는 매운맛과 충돌을 일으키므로 넣지 않는 게 낫다.

Pasta

페스토 제노베제 펜네

펜네를 바질 페스토에 버무린 제노바식 파스타입니다. 바질 페스토가 생명인 만큼 신선한 바질잎을 구하는 게 관건이죠. 잣과 파르메산 치즈가루를 섞어 고소한 맛을 더했어요.

재료(2인분)

- 펜네 160g
- 바질잎 20장
- 마늘 2개
- 올리브오일 1/2컵
- 파르메산 치즈가루 3큰술
- 잣 1큰술
- 소금·후춧가루 조금씩

만드는 방법

1 재료 믹서에 갈기

믹서에 펜네를 제외한 모든 재료를 넣고 곱게 간다.

+ 페스토 소스의 색을 선명하게 하려면 살짝 데친 시금치잎 10장을 갈아 함께 넣어도 좋다. 페스토 소스를 만들 때 올리브오일의 양이 너무 많아 느끼하다면 양을 반으로 줄이고 물을 넣어도 된다.

2 페스토 소스 완성하기

치즈가루를 섞어 페스토 소스를 완성한다.

3 펜네 삶기

끓는 물에 소금을 조금 넣고 펜네를 삶아 건진다.

+ 펜네는 삶는 타이밍을 놓쳐 조금 더 삶거나 미리 삶아두어도 탄력이 줄지 않아 조리하기 쉽다. 펜네 대신 스파게티를 써도 된다.

4 페스토 소스에 펜네 버무리기

건진 펜네를 그릇에 담고 페스토 소스를 넣어 고루 버무린다.

5 치즈가루 얹기

접시에 담고 치즈가루를 듬뿍 뿌린다.

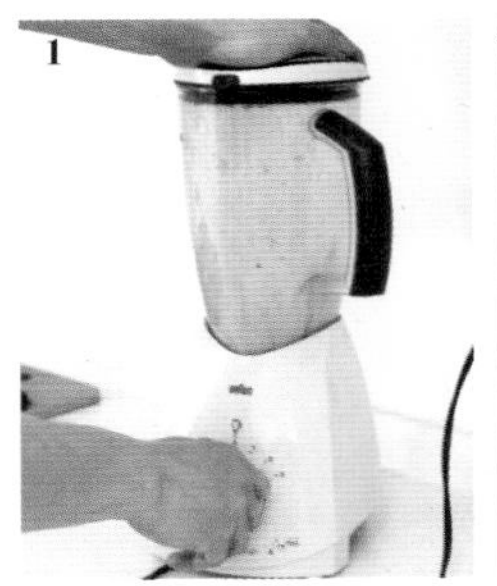

Pasta

로제소스 닭가슴살 링귀네

토마토소스에 생크림을 넣어 고소하고 새콤한 맛이 나는 로제소스 링귀네. 은은한 빛깔이 아주 먹음직스러워요. 링귀네는 면이 납작하면서 볼록해서 소스가 잘 배어들어요.

재료(2인분)

- 링귀네 240g
- 닭가슴살 1쪽
- 마늘 3쪽
- 로즈메리 조금
- 양송이버섯 3개
- 올리브오일 3큰술
- 토마토소스 1컵
- 생크림 1/3컵
- 화이트와인 2큰술
- 소금·후춧가루 조금씩
- 파르메산 치즈 적당량

만드는 방법

1 링귀네 삶기
끓는 물에 소금을 조금 넣고 링귀네를 넣어 7~8분 정도 삶아 건진다.

2 닭 밑간하기
닭가슴살은 먹기 좋은 크기로 큼직하게 자른 뒤 으깬 마늘과 로즈메리, 화이트와인, 소금, 후춧가루로 밑간한다.

+ 닭가슴살 대신 안심살을 사용하면 더욱 부드럽다.

3 팬에 볶기
달군 팬에 올리브오일을 두르고 밑간한 닭과 도톰하게 저며 썬 양송이를 넣어 볶는다.

+ 양송이는 모양을 살려 길이로 저며 썬다.

4 토마토소스와 생크림 넣기
닭고기가 익으면 토마토소스를 넣어 고루 섞고 생크림을 부은 뒤 중간 불에서 한소끔 끓인다. 소금이나 후춧가루로 간을 맞춘다.

5 링귀네 넣어 버무리기
④의 소스에 링귀네를 넣어 고루 버무린 뒤 불에서 내린다.

6 접시에 담기
접시에 담고 이탈리아 파슬리나 바질잎 등의 허브를 적당히 잘라 얹는다. 먹기 전에 파르메산 치즈를 얹어 향과 맛을 더해도 좋다.

2

3

4

꽃게를 올린 링귀네

토마토소스와 생크림, 조개국물의 맛이 어우러진 파스타입니다. 꽃게를 삶아서 살을 발라낸 뒤 소스에 버무려 더욱 감칠맛이 나죠. 꽃게 대신 대게나 킹크랩으로 해도 좋아요.

재료(2인분)

- 링귀네 200g
- 꽃게 2마리
- 조개국물 1/2컵
- 생크림 1컵
- 토마토소스 2컵
- 다진 양파 4큰술
- 바질잎 4장
- 레몬껍질 조금
- 화이트와인 1/3컵
- 버터 2큰술
- 소금 2큰술

만드는 방법

1 꽃게 삶기

꽃게는 솔로 잘 문질러 씻은 뒤 끓는 물에 10분간 삶는다.

+ 꽃게는 살이 실하게 오른 수게가 좋다. 대게나 킹크랩을 쓰는 것도 괜찮다.

2 삶은 꽃게 살 바르기

삶은 꽃게는 식힌 뒤 살을 바른다. 게딱지는 장식용으로 써야 하므로 부서지지 않도록 한다.

3 레몬껍질 잘게 썰기

레몬껍질은 잘게 썰어둔다.

4 링귀네 삶기

끓는 물에 소금을 넣고 링귀네를 7~8분 정도 삶아 건진다.

5 양파 볶고 게살 넣기

약한 불에서 팬에 버터를 녹여 바질잎과 양파를 볶다가 발라둔 게살을 넣고 좀 더 볶는다.
화이트와인을 넣고 살짝 조린 뒤 조개국물을 넣어 더 졸인다.

6 생크림·토마토소스 넣어 끓이기

⑤에 생크림을 넣고 버무린 뒤 토마토소스와 레몬껍질을 넣어 맛을 낸다.

7 링귀네 넣어 버무리기

완성된 소스에 링귀네를 넣어 고루 섞은 뒤, 접시에 담고 게딱지를 덮는다.

1

2

6

Pasta

아라비아타 링귀네

토마토소스에 핫소스, 매운 고추까지 넣어 매콤한 파스타입니다. '아라비아타'는 이탈리아 말로 '화가 난'이라는 뜻으로, 맵지만 입안에 착 붙는 맛이 매력이에요.

재료(2인분)

- 링귀네 240g
- 페페론치노 5개
- 마늘 4쪽
- 양파 1/2개
- 새우 2마리
- 올리브오일 3큰술
- 토마토소스 1컵
- 핫소스 5큰술
- 소금·후춧가루 조금씩
- 바질잎 조금

만드는 방법

1 링귀네 삶기

끓는 물에 소금을 조금 넣고 링귀네를 삶은 뒤 건져서 올리브오일로 버무려둔다. 링귀네 삶은 물은 1/2컵 정도 따로 담아둔다.

2 부재료 손질하기

페페론치노는 반 자르고 마늘은 굵게 으깬다. 양파는 굵게 채 썰고 새우는 소금물에 살살 흔들어 헹군다.

+ 페페론치노 대신 마른 홍고추를 사용해도 된다. 생새우 대신 칵테일 새우를 사용해도 되고 키조개를 넣어도 쫄깃한 맛이 좋다.

3 페페론치노 볶기

달군 팬에 오일을 두르고 페페론치노를 볶아 기름에 고추 향이 배도록 한다.

4 마늘 넣어 볶기

③에 마늘을 넣어 재빨리 볶는다.

5 토마토소스와 새우 넣기

④에 토마토소스를 넣어 고루 섞은 뒤 새우와 양파, 링귀네 삶은 물을 붓고 한소끔 끓인다. 소금·후춧가루로 간을 맞춘다.

6 링귀네 넣어 버무리기

끓는 소스에 링귀네를 넣고 버무린 뒤 불에서 내린다. 접시에 담고 바질잎을 얹어 장식한다.

3

4

6

Pasta

고등어 전복 링귀네

고등어와 전복은 대파를 넣은 오일소스 파스타로 잘 어울리죠. 고등어 파스타는 고등어의 신선도가 생명인데, 신선한 고등어를 구하기 어렵다면 통조림 고등어를 사용해도 됩니다.

재료(2인분)

- 링귀네 200g
- 고등어 1/3마리
- 전복 2마리
- 올리브오일 10큰술
- 마늘 4쪽
- 페페론치노 2개
- 화이트와인 2/3컵
- 조개국물 1컵
- 소금 2큰술
- 이탈리아 파슬리 적당량

만드는 방법

1 고등어 손질하기

고등어는 싱싱한 것으로 골라 살만 포를 뜬 뒤 족집게를 이용해 가시를 빼고 먹기 좋은 크기로 길쭉하게 썬다.

+ 고등어 대신 꽁치를 써도 좋다. 생물이 없으면 통조림도 괜찮다. 통조림을 사용할 경우 부서지지 않도록 주의한다.

2 전복 손질하기

전복은 숟가락으로 내장을 파내고 입 주위를 잘라낸 뒤 먹기 좋은 크기로 썬다.

3 고등어와 전복 볶기

팬에 올리브오일 6큰술을 두르고 으깬 마늘을 넣어 볶다가 고등어와 전복을 넣어 함께 볶는다.

4 와인 넣어 끓이기

③에 화이트와인을 부어 날린 뒤 조개국물을 부어 살짝 졸이다가 페페론치노를 부수어 넣는다.

5 링귀네 삶기

끓는 물에 소금을 조금 넣고 링귀네를 삶아 건진다.

+ 링귀네 대신 스파게티를 써도 좋다.

6 링귀네 넣어 버무리기

삶은 링귀네를 ④에 넣고 올리브오일 4큰술을 더 넣어 재료끼리 서로 어우러지도록 고루 버무린다.

1

2

3

명란 크림치즈 탈리아텔레

명란은 생크림보다는 로제소스와 궁합이 잘 맞아요. 로제소스 명란 파스타는 개운하고 진한 맛이 좋습니다. 탈리아텔레 대신 페투치네나 일반 스파게티도 잘 어울립니다.

재료(2인분)

- 탈리아텔레 200g
- 명란 50g
- 크림치즈 80g
- 닭육수 2/3컵
- 바질잎 5장
- 다진 양파 4큰술
- 버터 2큰술
- 올리브오일 2큰술
- 파르메산 치즈가루 4큰술
- 소금 2큰술
- 로제소스
- 생크림 1/2컵
- 토마토소스 1½컵

만드는 방법

1 명란 껍질 벗기기

명란은 찜통에 5분 정도 쪄서 완전히 익힌 뒤 껍질을 벗긴다.

2 크림치즈에 명란 섞기

명란에 크림치즈, 올리브오일을 넣고 숟가락으로 으깨가며 섞는다. 소금·후춧가루로 간한 뒤 둥글게 빚어 따뜻하게 보관한다.

3 양파 볶아 육수 붓고 끓이기

약한 불에 버터를 두르고 양파를 볶다가 닭육수를 붓고 조린다.

+ 다진 양파와 함께 다진 마늘을 넣어도 좋다.

4 탈리아텔레 삶기

끓는 물에 소금을 조금 넣고 탈리아텔레를 넣어 삶아 건진다.

+ 탈리아텔레 대신 페투치네나 링귀네 면으로 해도 맛있다.

5 로제소스 만들기

생크림과 토마토소스를 섞어 한소끔 끓여서 로제소스를 만든다.

+ 로제소스는 연한 장미 색깔의 소스로 생크림과 토마토소스를 섞어 만든다.

6 탈리아텔레 버무리기

로제소스에 탈리아텔레와 다진 바질잎을 넣어 고루 버무린 뒤 그릇에 담고 치즈를 뿌려낸다. 위에 크림치즈를 올려 장식한다.

1

2

6

바질 새우 탈리아텔레

바질과 마늘의 향이 진한 파스타입니다. 은은한 바질 향이 식욕을 돋워 식사는 물론 술안주로도 잘 어울려요. 생 바질잎을 구하기 어렵다면 시판 바질 페스토를 사용해도 좋아요.

재료(2인분)

- 탈리아텔레 240g
- 새우 6마리
- 바질잎 5장
- 마늘 4쪽
- 올리브오일 4큰술
- 화이트와인 6큰술
- 소금·후춧가루 조금씩

만드는 방법

1 새우 손질하기
새우는 머리를 떼어내고 껍데기를 벗긴다.

2 바질잎과 마늘 다지기
바질잎과 마늘은 손질해 물기를 뺀 뒤 곱게 다진다.

+ 마늘과 바질잎을 커터에 곱게 갈아서 사용해도 된다.

3 새우 볶기
달군 팬에 올리브오일을 두르고 새우를 넣어 익히다가 화이트와인과 소금·후춧가루를 넣어 간하면서 볶는다.

4 탈리아텔레 삶기
끓는 물에 소금을 조금 넣고 탈리아텔레를 삶아 건진다. 파스타 삶은 물 1컵을 따로 담아둔다.

5 탈리아텔레 넣기
새우가 익기 시작하면 삶은 탈리아텔레를 넣고 고루 섞으면서 볶다가 스파게티 삶은 물을 붓고 섞는다.

6 바질잎과 마늘 넣어 맛내기
불에서 내리기 전에 바질잎과 마늘 다진 것을 넣고 버무린 뒤 소금·후춧가루로 약하게 간을 맞춘다.

+ 바질잎과 마늘 간 것은 불에서 내리기 전에 바로 섞어서 향을 최대한 살린다.

2

3

6

Pasta

버섯 크림 푸실리

소용돌이 모양의 푸실리는 모양과 촉감이 독특해 인기 있죠. 크림과 버섯은 궁합이 좋아서 크림소스에 버섯을 넣으면 맛이 잘 어울립니다. 마스카포네 치즈를 넣으면 더 맛있어요.

재료(2인분)

- 푸실리 160g
- 새송이버섯(큰 것) 1/2개
- 느타리버섯 8개
- 양송이버섯 4개
- 다진 양파 3큰술
- 마스카포네 치즈 2큰술
- 파르메산 치즈가루 4큰술
- 생크림 1½컵
- 닭육수 1/2컵
- 버터 1큰술
- 소금 3큰술
- 후춧가루 조금
- 이탈리아 파슬리 적당량

만드는 방법

1 버섯 썰기

새송이는 작은 주사위 모양으로 썰고, 양송이는 껍질을 벗겨 손질한 뒤 저민다. 느타리는 세로로 찢는다.

+ 닭가슴살을 저며서 버섯과 함께 볶으면 맛이 더 진해지고 영양도 높아진다.

2 양파·버섯 볶기

팬에 버터를 두르고 양파를 볶는다. 투명하게 볶아지면 버섯을 넣고 함께 볶는다.

3 육수 붓고 치즈 넣기

②에 닭육수를 붓고 조리다가 생크림을 넣고 마스카포네 치즈를 넣어 잘 녹인다.

4 푸실리 삶기

끓는 물에 소금을 조금 넣고 푸실리를 삶아 건진다.

+ 푸실리 대신 펜네나 일반 스파게티, 탈리아텔레를 써도 상관없다.

5 푸실리 섞기

③에 삶은 푸실리를 넣어 고루 섞은 뒤 치즈가루와 후춧가루를 뿌리고 이탈리아 파슬리를 굵직하게 잘라 얹는다.

+ 파르메산 치즈는 덩어리를 얄팍하게 슬라이스 해서 얹어도 맛있다.

2

3

5

지중해식 파르팔레

가지는 쫄깃한 맛이 있어 미트소스와 잘 맞아요. 파르팔레 대신 푸실리나 펜네로 만들어도 좋고 스파게티를 사용해도 깔끔한 맛이 납니다. 올리브오일은 넉넉히 뿌려야 제맛이 나요.

재료(2인분)

- 파르팔레 160g
- 애호박 1/4개
- 가지 1/4개
- 노랑·빨강 파프리카 1/4개씩
- 통조림 참치 60g
- 조개국물 1컵
- 화이트와인 1/2컵
- 올리브오일 8큰술
- 마늘 4쪽
- 대파 흰 부분 4cm
- 소금 3큰술
- 후춧가루 조금

만드는 방법

1 재료 준비하기

애호박은 속을 빼고 주사위 모양으로 썰고, 가지도 같은 크기로 썬다. 파프리카는 네모지게 썰고, 참치는 체에 밭쳐 기름기를 뺀다.

2 채소 볶기

팬에 올리브오일 4큰술을 두르고 으깬 마늘을 볶는다. 마늘이 중간 정도 익으면 대파를 넣어 볶다가 준비한 채소를 넣고 함께 볶는다.

+ 채소에 적양파를 추가하면 단맛이 돌고 매운맛이 독특한 파스타가 된다.

3 참치 넣어 볶기

채소가 살캉거릴 정도로 볶아지면 와인을 부어 날리고, 조개국물을 넣고 조리다가 참치를 넣는다.

4 파르팔레 삶기

끓는 물에 소금을 조금 넣고 파르팔레를 삶는다. 가끔 저으면서 삶아 건진다.

+ 파르팔레 대신 넓적한 탈리아텔레를 써도 맛있다. 파르팔레는 나비란 뜻.

5 파르팔레 넣어 섞기

③에 삶은 파르팔레를 넣고 잘 섞은 뒤 남은 올리브오일로 윤기를 낸다. 마지막에 후춧가루를 뿌리고 접시에 담는다.

1

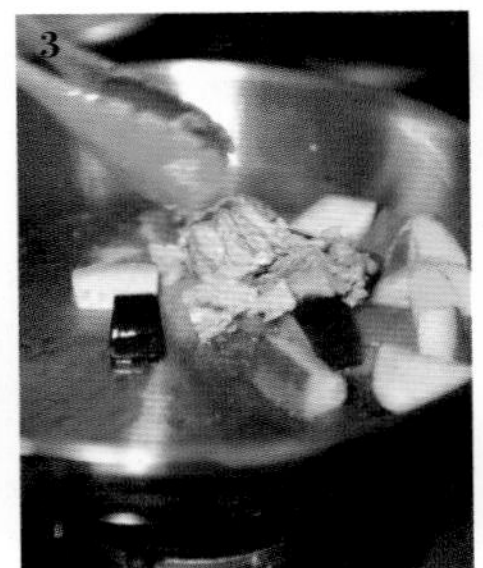
3

5

Pasta

미트소스 라자냐

미트소스의 진한 맛이 매력인 라자냐입니다. 만드는 시간과 노력에 비해 완성 뒤의 맛과 모양이 그럴싸하고 푸짐해 여럿이 나누어 먹으면 좋은 메뉴랍니다.

재료(2인분)

- 라자냐 4장
- 토마토소스 1½컵
- 모차렐라 치즈 100g
- 올리브오일 3큰술
- 소금·후춧가루 조금씩
- 미트소스

  양파 1개
  양송이버섯 5개
  마늘 3쪽
  다진 쇠고기 150g
  화이트와인 2큰술
  소금·후춧가루 조금씩

만드는 방법

1 양파·양송이·마늘 다지기

미트소스에 넣을 양파와 양송이, 마늘은 곱게 다져서 준비한다.

+ 버섯은 양송이 대신 새송이를 사용해도 풍미나 씹는 맛이 비슷하다.

2 미트소스 만들기

올리브오일을 두른 팬에 다진 쇠고기와 다진 양파·양송이·마늘을 함께 볶다가 화이트와인을 넣고 소금·후춧가루를 뿌려 간을 맞춘다.

+ 다진 쇠고기는 되도록 덩어리 고기를 준비해 따로 다져서 사용하는 것이 맛 내기 좋다.

3 라자냐 삶기

끓는 물에 소금을 조금 넣고 라자냐를 넣어 삶아 건진다.

4 그릇에 담기

오븐 용기에 라자냐를 한 장 깔고 미트소스를 적당히 덜어 얹는다.

5 치즈 얹기

미트소스 위에 모차렐라 치즈를 뿌린다. 그 위에 다시 라자냐를 얹고 미트소스와 치즈를 차례로 얹는다.

6 오븐에 굽기

200℃로 예열한 오븐에 15~20분 정도 굽는다.

2

3

5

크림소스 시금치 칸넬로니

'대롱'이란 뜻의 칸넬로니는 라자냐에 재료를 올려서 돌돌 말아 오븐에 구운 요리입니다.
구운 칸넬로니를 평평한 접시에 담아 놓으면 옆면이 잘 보여 더 먹음직스러워요.

재료(2인분)

- 라자냐 4장
- 리코타 치즈 또는 크림치즈 150g
- 시금치 1/3단
- 마늘 4쪽
- 올리브오일 2큰술
- 버터 조금
- 모차렐라 치즈 150g
- 파르메산 치즈가루 6큰술
- 소금 적당량
- 후춧가루 조금

만드는 방법

1 시금치 다지기

시금치는 끓는 물에 살짝 데친 뒤 찬물에 헹궈 물기를 꼭 짜서 잘게 다진다.

2 라자냐 삶기

끓는 물에 소금을 조금 넣고 라자냐를 넣어 삶는다. 익으면 건져서 살짝 식힌 뒤 물기를 닦는다.

3 시금치 볶기

팬에 올리브오일을 두르고 다진 마늘을 볶다가 시금치를 넣어 볶는다. 볶은 시금치는 살짝 식혀서 리코타 치즈와 파르메산 치즈가루 4큰술, 소금·후춧가루를 넣고 잘 섞는다.

+ 리코타 치즈가 없으면 크림치즈를 쓴다. 크림치즈는 좀 뻑뻑한 편이므로 파스타 삶은 물을 2숟가락 넣어 함께 갠다.

4 라자냐에 시금치 올리고 말기

③의 시금치 크림소스를 라자냐 위에 올려서 둥글게 만다.

5 그릇에 담아 굽기

④의 칸넬로니를 오븐 용기에 가지런히 담고 모차렐라 치즈를 올린 뒤 200℃ 오븐에서 25분 정도 굽는다.

6 파르메산 치즈가루 뿌리기

모차렐라 치즈가 노릇하게 익으면 꺼내서 뜨거울 때 남은 치즈가루를 뿌린다.

+ 토마토소스를 뿌려도 좋다.

1

3

4

Part 2

Gnocchi and Ravioli

뇨키 & 라비올리

고소한 크림소스에 몽글몽글한 덩어리가 들어있는 뇨키는 보기만 해도 군침이 돈답니다. 색다른 파스타를 만들고 싶다면 납작하게 민 파스타 반죽에 속을 채워 넣고 만두 모양으로 빚은 라비올리를 추천합니다.

Gnocchi and ravioli

크림소스 감자 뇨키

말랑말랑 부드러운 감자 뇨키가 고소한 크림소스와 만나 입에서 살살 녹는답니다. 뇨키 반죽을 할 때는 밀가루 양을 적게 하고 감자를 많이 넣어야 말랑말랑한 맛이 좋아요.

재료(2인분)

- 감자 4개
- 밀가루 1/4컵
- 파르메산 치즈가루 3큰술
- 버터 1큰술
- 생크림 2/3컵
- 우유 1/2컵
- 소금·후춧가루 조금씩
- 다진 이탈리아 파슬리 조금

만드는 방법

1 감자 삶아 으깨기

감자는 껍질을 벗긴 뒤 냄비에 소금을 조금 넣고 푹 무르도록 삶아 뜨거울 때 으깬다.

+ 삶은 감자는 뜨거울 때 으깨야 덩어리지지 않고 잘 으깨진다.

2 반죽하기

삶은 감자에 밀가루와 파르메산 치즈가루, 소금 등을 넣어 반죽을 만든다.

+ 감자 반죽에 파르메산 치즈가루를 넉넉히 넣으면 고소하면서 치즈 특유의 풍미가 느껴져 맛있다.

3 뇨키 만들기

반죽을 길쭉한 원통형으로 빚은 다음 먹기 좋은 크기로 자른다.

4 포크로 모양 만들기

자른 반죽을 포크로 가만히 눌러 모양을 만든 뒤 끓는 물에 삶는다. 반죽이 동동 떠오르면 건져서 찬물에 헹군다.

5 소스에 버무리기

달군 팬에 버터를 녹여 생크림과 우유를 넣고 주걱으로 저어가며 끓인다. 여기에 삶아 건진 뇨키를 넣고 버무린 뒤 소금·후춧가루로 간을 맞춘다.

6 접시에 담기

접시에 담고 파르메산 치즈가루를 뿌린 뒤 이탈리아 파슬리로 장식한다.

+ 바질잎을 채 썰어서 얹으면 향이 더욱 좋다.

달걀로 반죽한 감자 뇨키

뇨키를 만들 때는 감자의 비율 맞추기가 관건입니다. 감자의 비율이 높으면 부드럽고, 밀가루 함량이 높으면 쫄깃한 맛이 나죠. 비율을 조정해가며 입맛에 맞게 만들어보세요.

재료(2인분)

- 감자 4개
- 강력분 1컵
- 달걀 2/3개
- 소금·후춧가루 조금씩
- 생크림 2/3컵
- 버터 2큰술
- 파르메산 치즈가루 4큰술
- 소금 2큰술

만드는 방법

1 삶은 감자 밀가루와 섞기

끓는 물에 감자를 넣고 푹 삶아서 으깬 뒤 밀가루 250g과 섞는다.

2 뇨키 반죽하기

①의 반죽에 달걀과 소금·후춧가루, 파르메산 치즈가루 4큰술을 섞어 잘 반죽한다.

3 뇨키 모양 만들기

반죽을 메추리알 두 배 크기로 잘 빚은 뒤 포크로 눌러 자국을 낸다. 남은 밀가루 50g은 덧밀가루로 써서 손에 들러붙지 않도록 한다.

+ 뇨키를 빚을 때 포크로 눌러 자국을 내면 소스가 잘 스며들어 더 맛있다.

4 뇨키 삶기

끓는 물에 소금을 조금 넣고 뇨키를 넣어 삶는다. 4분 정도 지나 둥둥 뜨면 1분 정도 기다렸다가 건진다.

+ 뇨키를 삶을 때는 1인분씩 차례로 삶는다.

5 뇨키 볶기

팬에 버터를 두르고 뇨키를 살짝 볶는다.

+ 버터에 뇨키를 볶을 때 로즈메리나 세이지를 두 잎 정도 넣으면 향이 아주 좋다.

6 생크림 소스 만들기

다른 팬에 생크림을 넣고 졸여서 접시에 나눠 붓고 뇨키를 올린 다음 그 위에 남은 치즈가루를 뿌린다.

토마토소스 단호박 뇨키

뇨키는 보통 생크림으로 만들지만 빨간 토마토소스가 조화를 이루어 한결 먹음직스러워요.
단호박과 생크림을 넣고 단호박 소스를 만들어도 좋습니다.

재료(2인분)

- 단호박 1/2개
- 강력분 1컵
- 달걀 2/3개
- 소금·후춧가루 조금씩
- 올리브오일 2큰술
- 토마토소스 1컵
- 파르메산 치즈가루 4큰술

만드는 방법

1 단호박 손질하기

단호박은 깨끗이 씻은 뒤 적당한 크기로 잘라 씨를 뺀다.

2 단호박 찌기

손질한 단호박은 끓는 물에 푹 무르도록 찐다.

+ 단호박은 보통 찜통에 찌지만, 여기서는 물 없이 반죽을 하기 때문에 질척해지도록 물에 삶는 것이 낫다.

3 반죽하기

찐 단호박을 식혀서 곱게 으깬 뒤 밀가루 250g, 달걀, 소금·후춧가루, 치즈가루 4큰술, 올리브오일 1큰술을 섞어 잘 반죽한다. 손에 붙지 않도록 밀가루 50g을 덧밀가루로 쓴다.

4 모양 만들어 삶기

반죽을 메추리알 두 배 크기로 빚은 뒤 끓는 물에 소금을 조금 넣어 삶는다. 둥둥 떠오르면 1분 정도 기다렸다가 건진다.

5 토마토소스로 맛 내기

토마토소스를 데운 뒤 접시에 나눠 담고 그 위에 뇨키를 올린다. 올리브오일 1큰술을 나눠 뿌리고 남은 치즈가루를 뿌린다.

+ 토마토소스 대신 단호박 소스를 이용할 수도 있다. 단호박 소스는 생크림 1½컵, 단호박 으깬 것 4큰술을 팬에 조려서 만든다.

2

3

4

토마토소스 시금치 뇨키

감자에 다진 시금치를 넣고 뇨키를 만든 뒤 토마토소스로 상큼한 맛을 살렸어요. 데친 시금치를 믹서에 곱게 갈아 반죽하면 색이 더 곱게 된답니다.

재료(2인분)

- 감자 4개
- 시금치 5줄기
- 밀가루 1/3컵
- 고르곤졸라 치즈 20g
- 올리브오일 2큰술
- 방울토마토 5개
- 토마토소스 1컵
- 소금·후춧가루 조금씩
- 파르메산 치즈가루 적당량

만드는 방법

1 감자 삶고 시금치 다지기

감자는 껍질을 벗기고 푹 삶아 으깬다. 시금치는 끓는 물에 데쳐서 찬물에 헹궈 물기를 뺀 뒤 곱게 다진다.

+ 시금치의 물기를 꼭 짜야 뇨키 반죽이 질척거리지 않는다.

2 반죽 만들기

으깬 감자에 다진 시금치, 밀가루, 고르곤졸라 치즈를 넣고 고루 섞은 뒤 소금으로 간을 맞춘다.

+ 고르곤졸라 치즈 대신 파르메산 치즈가루로 대신해도 된다.

3 모양 빚기

반죽을 조금 큼직하게 잘라 동글동글 굴려가며 모양을 만든 뒤 손가락으로 가운데를 가볍게 누른다.

4 뇨키 삶기

동글납작하게 빚은 뇨키를 끓는 물에 소금을 조금 넣고 삶아 떠오르면 건진다.

5 소스 만들기

달군 팬에 올리브오일을 두르고 반으로 자른 방울토마토와 토마토소스를 넣어 끓인다.

+ 토마토소스 양을 줄이고 방울토마토 양을 더 늘리면 신선한 맛이 더 좋다.

6 소스에 버무리기

⑤의 소스에 삶은 뇨키를 넣어 버무린 뒤 파르메산 치즈가루를 뿌린다.

2

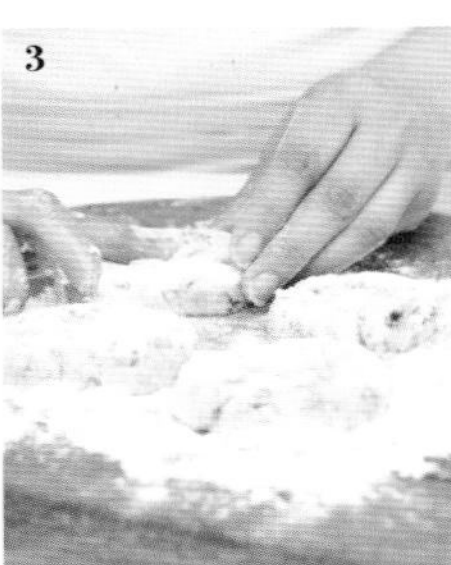
3

5

크림치즈 버섯 라비올리

라비올리는 한국의 만두와 비슷하지만 한국의 만두와는 달리 소보다는 피를 먹기 위해 만든답니다. 라비올리 소는 리코타 치즈를 사용하면 좋은데 두부를 섞어 만들어도 좋아요.

재료(2인분)

- 라비올리 피
  강력분 1½컵
  달걀 2개
  달걀노른자 1개
  올리브오일 1큰술
  소금 조금
- 라비올리 소
  리코타 치즈 150g
  베이컨 2줄
  모둠 버섯 50g
  양파 1/2개
  대파 흰 부분 5cm
- 달걀 1개
- 치즈가루 50g
- 올리브오일 3큰술
- 생 허브 조금
- 소스
  토마토소스 2/3컵
  바질·소금 조금씩

만드는 방법

1 라비올리 피 준비하기
밀가루에 달걀과 달걀노른자, 소금과 올리브오일을 모두 넣고 잘 반죽한다. 약 10분간 충분히 주무른 뒤 랩으로 싸서 냉장고에 2시간 정도 둔다.
+ 밀가루는 강력분과 중력분을 반씩 섞어서 해도 된다.

2 소 준비하기
베이컨, 양파, 파, 버섯, 허브를 다진 뒤 올리브오일 2큰술을 두른 팬에 베이컨, 양파, 파를 볶는다. 이어서 버섯과 허브를 넣고 볶다가 소금간을 한다.

3 치즈 섞어 소 완성하기
②에 물기 뺀 리코타 치즈와 치즈가루 절반을 넣어 잘 버무려 속을 완성한다.

4 라비올리 모양 만들기
반죽을 꺼내 밀대로 밀어서 길쭉한 피를 만든다.

5 피에 소 채우기
피 위에 일정한 간격으로 소를 얹고 다른 한 장을 덮어 동그랗게 모양을 자른다. 만두피 주위를 꼭꼭 눌러 터지지 않도록 한다.

6 라비올리 삶기
끓는 물에 소금을 조금 넣고 라비올리를 3분간 삶아 떠오르면 1분 뒤 건진다.

7 소스 데워 붓기
팬에 토마토소스를 데워 바질로 향을 낸 뒤 접시에 담고 라비올리를 올린다.

3

5

6

고르곤졸라 치즈 라비올리

고르곤졸라 치즈와 파슬리, 양파로 속을 채워 익힌 라비올리입니다. 반죽을 얇게 밀어서 네모지게 자른 다음 소를 채우면 완성돼요. 넉넉히 만들어서 삶아 얼려두고 사용하면 좋아요.

재료(2인분)

- **라비올리 피**
  - 중력분 1½컵
  - 달걀 1개
  - 물 2큰술
  - 소금 조금
- **라비올리 소**
  - 고르곤졸라 치즈 100g
  - 양파 1/4개
  - 다진 파슬리 조금
  - 다진 마늘 2큰술
- **꿀 3큰술**
- **올리브오일 4큰술**
- **블랙·그린 올리브 5개씩**
- **소금·후춧가루 조금씩**
- **이탈리아 파슬리 조금**

만드는 방법

1 피 반죽하기

밀가루에 달걀과 물, 소금 등을 섞고 여러 번 주물러 반죽을 만든 뒤 비닐봉지에 넣어 30분 이상 발효시킨다.

+ 라비올리 반죽 만들기가 번거롭다면 시판 찹쌀 만두피를 이용해도 된다.

2 소 만들기

고르곤졸라 치즈는 미리 실온에 꺼내 부드럽게 하고 양파는 다진다. 다진 마늘, 꿀, 다진 파슬리와 함께 고루 섞고 소금을 조금 넣어 간을 맞춘다.

+ 고르곤졸라 치즈 맛이 너무 강하다면 에멘탈 치즈를 이용해도 되고, 치즈 대신 다진 두부 등을 넣어도 맛있다.

3 반죽 자르기

비닐봉지에 담아 놓은 반죽을 꺼내 밀대로 얄팍하게 민 뒤 4~5cm의 정사각형으로 자른다.

4 모양 빚어 삶기

③의 라비올리 피에 소를 적당히 덜어 넣고 가장자리를 붙여 모양을 만든다. 끓는 물에 삶아 동동 떠오르면 건진다.

5 볶기

달군 팬에 올리브오일을 두르고 반으로 자른 올리브와 파슬리를 넣은 뒤 삶은 라비올리를 넣어 가볍게 볶는다. 소금·후춧가루로 약하게 간을 맞춘다.

Part 3

Risotto and Gratin

리소토 & 그라탱

이탈리아 기본 파스타를 마스터했다면 리소토에 도전해보세요. 우리나라 밥과는 달리 쌀알의 심지가 살아있도록 덜 익히는 것이 제 맛을 내는 비결입니다. 파스타에 크림소스를 얹어 오븐에 구워서 따뜻한 그라탱을 만들어도 좋아요.

카레 해물 리소토

쌀과 해물을 볶다가 육수를 넣어 끓인 뒤 카레가루로 맛을 낸 리소토입니다. 구하기 어려운 사프란 대신 카레로 만들어 진한 감칠맛이 입맛을 당겨요.

재료(2인분)

- 쌀 1컵
- 홍합 10개
- 오징어 1/2마리
- 새우 4~6마리
- 올리브오일 3큰술
- 화이트와인 2큰술
- 카레가루 3큰술
- 물 또는 육수 2컵
- 소금 조금

만드는 방법

1 쌀 씻어 불리기

쌀은 깨끗하게 씻어 30분 정도 물에 담가 불린 뒤 건진다.

2 해물 손질하기

오징어는 껍질을 벗겨 길쭉하게 썰고 새우는 꼬리만 남기고 껍데기를 벗긴다. 홍합은 껍데기 사이에 붙어있는 이물질을 떼어내고 헹군다.

+ 홍합은 살만 손질해 넣어도 좋다. 이렇게 하면 먹을 때 편리하다.

3 해물 볶기

달군 팬에 올리브오일을 두르고 해물을 볶다가 화이트와인을 뿌린다.

4 쌀 넣어 볶기

해물이 익기 시작하면 불린 쌀을 넣어 눋지 않게 저어가며 볶다가 물이나 육수를 넣고 뚜껑을 덮어 끓인다.

+ 리소토는 쌀이 조금 덜 익어 씹는 맛이 살아야 한다. 조금 꼬들한 상태의 된밥 정도면 먹기 좋다.

5 카레가루 넣기

국물이 끓으면 카레가루를 넣고 고루 섞은 뒤 약불로 줄여 은근히 찐다. 소금으로 간을 맞추고 잘 섞는다.

1

4

5

사프란 해산물 리소토

독특한 향이 있는 사프란은 고급 식재료 중 하나입니다. 사프란을 빼면 일반적인 해물 리소토가 되는데, 사프란 대신 단맛이 있는 좋은 고춧가루로 맛을 내도 좋아요.

재료(2인분)

- 쌀 1컵
- 새우(중하) 4마리
- 홍합 6개
- 모시조개 4개
- 주꾸미(낙지나 오징어) 2조각
- 게살 2쪽
- 사프란 조금
- 올리브오일 10큰술
- 마늘 4쪽
- 화이트와인 2/3컵

만드는 방법

1 해물 손질하기

새우는 껍데기를 벗기고 등에 칼집을 넣어 내장을 제거한다. 홍합과 모시조개, 주꾸미는 흐르는 물에 문질러 씻어 물기를 뺀다.

2 마늘 볶기

마늘을 으깬 뒤 팬에 올리브오일 4큰술을 두르고 볶아 향을 낸다. 마늘이 갈색으로 익으면 마늘만 꺼내서 버린다.

3 해물 볶기

②의 팬에 해물을 넣고 화이트와인을 부어 뚜껑을 덮어 익힌다. 조개가 입을 벌리기 시작하면 재빨리 불을 끄고 해물을 모두 꺼내서 따로 둔다.

+ 팬이 뜨거우면 열기를 식힌 뒤 해물을 넣어야 기름이 튀지 않는다.

4 쌀 넣어 볶기

팬에 쌀을 넣고 올리브오일 4큰술을 더해 중불에서 20분 정도 볶는다. 쌀이 타지 않게 따뜻한 물을 계속 넣으면서 천천히 볶는다.

+ 쌀을 꼬들하게 볶아야 이탈리아 리소토의 제맛이 난다.

5 사프란 넣어 맛과 향 내기

쌀알이 꼬들하게 익으면 사프란을 풀어 넣어 색을 내고 향을 더한다. 건져두었던 해물을 넣고 올리브오일 2큰술을 넣어 함께 섞는다.

6 접시에 담기

접시에 볶은 쌀을 담고 그 위에 해물을 얹는다.

1

4

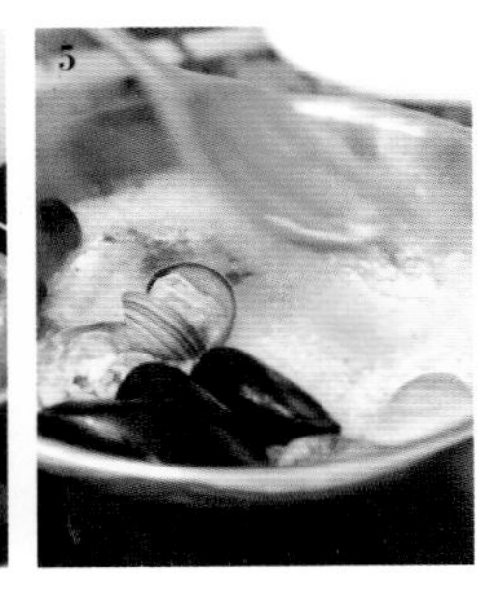
5

토마토소스 생선살 리소토

토마토소스로 맛을 내 아이들 입맛에 잘 맞는 리소토입니다. 쌀을 충분히 부드럽게 익혀서 부드러운 생선살과 맛이 잘 어울려요. 생선은 도미살이나 대구살을 이용하면 좋아요.

재료(2인분)

- 쌀 1컵
- 냉동 도미살 또는 대구살 100g
- 올리브오일 2큰술
- 다진 이탈리아 파슬리 1큰술
- 버터 1큰술
- 토마토소스 2/3컵
- 육수 또는 물 1½컵
- 소금 조금

만드는 방법

1 쌀 씻기
쌀은 씻어 30분 정도 물에 담갔다가 건진다.

2 생선살 굽기
준비한 생선살을 손가락 크기로 길게 자른 뒤 오일 두른 팬에 앞뒤로 뒤집어가며 굽는다. 다진 이탈리아 파슬리와 소금을 넣어 맛을 낸다.

+ 도미살이 맛있긴 하지만 구하기 어렵다면 동태살이나 대구살을 준비해도 된다.

3 쌀 볶기
달군 팬에 버터를 두르고 씻어 건진 쌀을 넣어 버터 향이 고루 배도록 볶는다.

4 소스 넣어 끓이기
쌀이 투명해지기 시작하면 토마토소스와 육수를 붓고 끓인다.

+ 토마토소스를 끓일 때 마늘과 바질 등을 넉넉히 넣으면 향이 좋아진다.

5 구운 생선살 넣기
쌀이 익기 시작하고 국물이 졸아들면 구운 생선살을 넣는다. 생선살이 부서지지 않도록 불을 약하게 줄여 은근히 뜸을 들이듯 맛을 낸다. 모자라는 간은 소금으로 맞춘다.

2

3

5

오징어먹물 왕새우 리소토

오징어먹물은 병조림으로 된 것을 구입할 수 있지만, 직접 오징어에서 꺼내 써도 됩니다.
리소토는 계속 저으면서 익혀야 꼬들한 맛을 살릴 수 있어요.

재료(2인분)

- 쌀 1컵
- 오징어먹물 2/3큰술
- 왕새우 2마리
- 마늘 4쪽
- 화이트와인 1/2컵
- 조개 스톡 2컵
- 물 4컵
- 올리브오일 6큰술
- 딜 조금

만드는 방법

1 새우 손질하기

왕새우는 머리와 꼬리는 그대로 둔 채 껍데기를 벗기고 등에 칼집을 넣어 내장을 뺀다.

2 국물 만들기

조개 스톡과 물을 섞어 뜨겁게 데워 둔다.

3 왕새우 굽기

팬에 올리브오일 4큰술을 두르고 다진 마늘을 볶다가 왕새우를 넣어 굽는다. 화이트와인 1큰술을 넣어 날리고, 왕새우가 빨갛게 익으면 따로 둔다.

+ 왕새우를 익혀서 꺼내 둬야 왕새우에 먹물이 지저분하게 묻지 않고, 적당히 익어 질기지 않다.

4 쌀 볶기

왕새우를 볶아낸 팬에 쌀을 볶는다. 화이트와인을 모두 부어 날린 뒤 ②의 국물을 조금씩 넣어가며 20분 정도 볶는다. 올리브오일도 2큰술 더 넣는다.

5 오징어 먹물 섞기

쌀이 탱탱하게 익으면 불을 끄고 먹물을 넣어 잘 젓는다. 소금간은 따로 하지 않는다.

6 접시에 담기

오목한 접시에 리소토를 담고 구운 새우를 얹는다. 이탈리아 파슬리가 있다면 뿌리고, 없다면 바질잎이나 실파를 얹어도 된다.

3

4

5

버섯크림 리소토

향긋한 트러플오일과 파르메산 치즈가루의 풍미가 더해져 맛의 깊이를 느낄 수 있는 리소토입니다. 쫄깃한 버섯을 듬뿍 넣어 부드러운 맛이 아주 좋아요.

재료(2인분)

- 쌀 1컵
- 새송이버섯 3개
- 양송이버섯 4개
- 양파 1/4개
- 으깬 마늘 2큰술
- 치킨 스톡 1½컵
- 생크림 1½컵
- 화이트와인 2큰술
- 버터 1큰술
- 올리브오일 조금
- 트러플오일 조금
- 루콜라 8줄기
- 파르메산 치즈가루 조금

만드는 방법

1 쌀 씻고 버섯 썰기

쌀은 씻어서 건져 물기를 빼고, 버섯은 한입 크기로 썬다. 양파는 굵게 다진다.

2 양파 볶다가 쌀 볶기

팬에 오일을 두르고, 다진 양파와 으깬 마늘을 볶다가 씻은 쌀을 넣고 저어가면서 볶는다. 중간에 화이트와인을 붓고 향을 날린다.

3 치킨 스톡·생크림 넣고 익히기

쌀알이 투명해지면 치킨 스톡을 반만 넣고 끓인다. 쌀이 익을 때까지 치킨 스톡을 계속 부어가며 끓이다가 생크림을 넣고 소금·후춧가루로 간한다.

+ 물 3컵에 치킨 스톡 3개를 녹여서 국물을 만든다.

4 버터·트러플오일로 향 내기

쌀이 잘 익으면 버터와 트러플오일을 넣고 섞어 향을 낸다.

5 버섯 볶기

팬에 올리브오일을 두르고 버섯을 볶는다.

+ 버섯은 따로 볶아야 쫄깃한 맛을 살릴 수 있다.

6 접시에 담기

접시에 리소토를 담고 볶은 버섯과 루콜라를 올린 뒤, 파르메산 치즈가루를 뿌린다.

치킨 푸실리 그라탱

모차렐라 치즈를 얹어서 구워 쫄깃하게 늘어나는 치즈의 맛을 느낄 수 있는 그라탱이에요.
소용돌이 모양의 푸실리 사이사이에 크림소스가 쏙쏙 배어들어 더 맛있어요.

재료(2인분)

- 푸실리 150g
- 닭가슴살 2쪽
- 올리브오일 4큰술
- 생크림 1/2컵
- 화이트와인 3큰술
- 소금·후춧가루 조금씩
- 모차렐라 치즈 80g
- 다진 이탈리아 파슬리 조금

만드는 방법

1 푸실리 삶기

끓는 물에 소금을 조금 넣고 푸실리를 넣어 부드럽게 삶아 건진다.

+ 푸실리 대신 펜네나 파르팔레 등을 사용해도 된다.

2 닭가슴살 볶기

닭가슴살은 먹기 좋은 크기로 네모지게 잘라 달군 팬에 올리브오일을 두르고 볶는다. 닭살이 익기 시작하면 소금·후춧가루, 와인을 넣어 밑양념을 한다.

+ 닭가슴살은 물에 한 번 헹군 뒤 사용한다.

3 푸실리 넣어 볶기

닭살이 익기 시작하면 삶은 푸실리를 넣어 고루 섞어가며 볶는다.

4 생크림 넣기

볶은 닭가슴살과 푸실리에 생크림을 넣고 약한 불에서 저어가며 끓인다.

5 치즈 얹기

④를 오븐 용기에 담고 파슬리를 조금 뿌린 뒤 치즈를 듬뿍 얹는다.

6 오븐에 굽기

200℃로 예열한 오븐에 넣어 치즈가 녹을 정도로 15분 정도 굽는다.

2

3

5

감자 그라탱

감자를 삶아서 으깬 뒤 베이컨과 버터, 우유를 섞고 치즈를 뿌려 구웠어요. 고소하고 부드러워 입안에서 살살 녹아요. 만드는 과정이 쉬워 가볍게 즐기기에 좋습니다.

재료(2인분)

- 감자 3개
- 소금 1작은술
- 베이컨 3줄
- 우유 2/3컵
- 버터 1큰술
- 에멘탈 치즈 300g
- 모차렐라 치즈 400g

만드는 방법

1 감자 손질해 삶기

감자는 껍질을 말끔히 벗기고 물에 헹군 뒤 끓는 물에 삶는다.

2 감자 으깨어 간하기

삶은 감자는 체에 내려 곱게 으깨고 소금으로 간한다.

+ 감자를 얇게 슬라이스해서 구워도 좋다.

3 베이컨 구워 다지기

베이컨은 팬에 바싹 구운 다음 잘게 다진다.

+ 베이컨은 기름이 많으므로 마른 팬에 기름을 두르지 않고 바싹 굽는다.

4 재료 섞기

으깬 감자에 다진 베이컨과 우유, 버터를 분량대로 넣고 고루 섞는다.

5 오븐 용기에 담기

④를 오븐 용기에 담은 뒤 에멘탈 치즈를 갈아서 위에 골고루 뿌리고 모차렐라 치즈도 솔솔 뿌린다.

6 오븐에 굽기

200℃로 예열한 오븐에 ⑤를 넣고 치즈가 녹을 정도로 10분간 굽는다.

2

3

4

Part 4

Grilled and Steamed

구이 & 찜

파스타와 같이 먹을 수 있는 별미요리들을 소개합니다. 허브향 나는 닭다리 요리와 토마토 소스로 맛을 낸 매콤한 홍합찜, 올리브로 구운 도미 등으로 풍성한 식탁을 만들어 보세요.

Grilled and Steamed

발사믹 소스 닭다리구이

발사믹 식초와 오일로 마리네이드해서 구운 닭요리입니다. 닭다리는 한 번 구운 뒤 치즈를 뿌려 오븐에서 살짝 더 구우면 맛도 좋고 보기에도 좋답니다.

재료(2인분)

- 닭다리 4개
- 발사믹 식초 2큰술
- 올리브오일 3큰술
- 마늘 2쪽
- 바질잎 조금
- 매시트포테이토
  감자(큰 것) 1개
  달래 3줄기
  버터 1큰술

만드는 방법

1 닭다리 손질하기
닭다리는 뼈를 발라내고 칼집을 넣어 잘 펼친다.

2 닭다리에 밑간하기
손질한 닭다리에 발사믹 식초와 올리브오일 1큰술을 골고루 바르고 하룻밤 잰다.

+ 발사믹 소스 대신 토마토소스로 양념해도 맛있다. 닭다리살 대신 닭가슴살로 대체해도 좋다.

3 매시트포테이토 만들기
감자는 소금을 넣은 물에 푹 삶아 으깬 뒤 버터와 다진 달래를 넣어 고루 섞는다.

+ 버섯을 올리브오일과 마늘에 볶아 곁들여도 좋다.

4 닭다리 굽기
팬에 올리브오일 2큰술을 두르고 다진 마늘을 볶다가 갈색이 돌면 닭다리를 굽는다. 너무 익히면 퍽퍽해지므로 센 불에 앞뒤로 3분 정도만 굽는다. 구우면서 소금·후춧가루를 뿌린다.

5 접시에 담기
닭다리를 접시에 담고 매시트포테이토를 함께 낸다. 접시 바닥에 감자를 깔고 닭다리를 올려놓아도 좋다.

2

3

4

닭고기 토마토소스 찜

양파, 가지, 마늘 등을 넉넉히 넣고 누린내를 없앤 뒤 토마토소스로 맛을 낸 찜이에요. 은근히 쪄서 닭고기 속까지 간이 깊게 배어들어 전체적으로 고른 맛이 나요.

재료(2인분)

- 닭고기(중간 크기) 1/2마리
- 양파 1/2개
- 가지 1개
- 마늘 10쪽
- 올리브오일 2큰술
- 화이트와인 2큰술
- 로즈메리 조금
- 소금·후춧가루 조금씩
- 토마토소스 1½컵

만드는 방법

1 닭 손질하기

닭고기는 큼직하게 자른 것으로 준비해 기름기와 껍질을 대충 벗기고 물에 한 번 헹군다.

2 닭 밑간하기

자른 닭고기에 도톰하게 저민 마늘 3쪽 분량과 올리브오일, 화이트와인, 로즈메리, 소금·후춧가루 등을 넣고 밑간해 잠시 둔다.

+ 닭고기에서 누린내가 나지 않게 손질하는 것이 무엇보다 중요하다. 신선한 닭을 준비해 밑간을 충분히 한다.

3 채소 볶기

가지는 큼직하게 어슷하게 썰고 양파는 굵게 채 썰고 마늘은 도톰하게 저민 뒤 달군 팬에 올리브오일을 두르고 볶는다.

4 닭고기 넣어 볶기

채소를 볶다가 닭고기를 넣어 뒤섞으면서 볶는다.

+ 닭고기를 진한 갈색이 날 정도로 애벌로 구운 뒤 찌면 더욱 부드럽고 쫄깃하다.

5 토마토소스 넣어 찌기

닭고기가 1/3 정도 익으면 토마토소스를 넣고 섞는다. 처음에는 센 불에서 찌다가 불을 약하게 줄여서 뚜껑을 덮고 은근히 찐다.

2

3

5

Grilled and Steamed

매콤한 홍합찜

신선한 홍합은 별다른 양념을 하지 않고 삶기만 해도 맛있어요. 마늘과 매운 소스, 와인 등으로 매콤하게 맛을 낸 홍합찜은 술안주로도 좋고, 사이드 메뉴로도 인기랍니다.

재료(2인분)

- 홍합 800g
- 마른 홍고추 1개
  (또는 칠리고추 2개)
- 마늘 3쪽
- 핫소스 5큰술
- 토마토소스 1/4컵
- 화이트와인 5큰술
- 이탈리아 파슬리 조금
- 소금 조금

만드는 방법

1 홍합 손질하기

홍합은 껍데기 사이에 낀 이물질을 손으로 잡아당겨 뗀 뒤 맑은 물에 살살 흔들어 헹군다.

+ 신선한 홍합을 준비하는 것이 무엇보다 중요하다. 입을 벌리고 있는 것은 신선하지 않은 것이므로 버린다.

2 소스 끓이기

달군 팬에 올리브오일을 두르고 저민 마늘과 고추, 핫소스를 넣어 끓이다가 토마토소스와 소금을 넣어 맛을 낸다.

+ 좀 더 매콤한 맛을 원한다면 청양고추를 잘게 잘라 넣으면 된다.

3 홍합 넣고 와인 뿌리기

소스에 홍합을 넣은 뒤 화이트와인을 뿌리고 이탈리아 파슬리를 몇 줄기 얹는다.

4 뚜껑 덮어 찌기

뚜껑을 덮어 홍합이 충분히 익도록 찐 뒤 소스가 잘 배도록 고루 섞는다.

Grilled and Steamed

고르곤졸라 크림소스 홍합찜

매운 홍합찜 대신 생크림과 고르곤졸라 치즈로 부드러운 홍합찜을 해봤어요. 크림소스 홍합찜을 할 때는 홍합을 삶은 뒤 국물을 모두 따라 버려야 간이 짜지 않고 크림이 잘 어우러져요.

재료(2인분)

- 홍합 1kg
- 생크림 1컵
- 고르곤졸라 치즈 20g
- 화이트와인 1/2컵
- 버터 2큰술
- 다진 양파 2큰술
- 이탈리아 파슬리 조금

만드는 방법

1 양파·홍합 볶기

팬에 버터를 녹인 뒤 다진 양파를 넣어 볶는다. 양파가 갈색이 되면 손질한 홍합을 넣어 살짝 볶는다.

2 화이트와인 붓기

볶던 홍합에 화이트와인을 붓고 뚜껑을 덮어 익힌다.

3 홍합 국물 따라내기

약 5분 뒤 홍합이 입을 벌리면 국물을 20% 정도만 남기고 모두 따라 버린다.

4 생크림 넣기

생크림을 넣고 고루 저어가며 맛이 배도록 조린다.

+ 토마토소스를 반 컵쯤 넣어 조리면 핑크빛의 예쁜 로제소스 홍합 요리가 된다.

5 치즈 넣고 마무리하기

고르곤졸라 치즈를 넣어 잘 풀어준다.

+ 고르곤졸라 치즈가 없으면 생크림만 넣어도 된다. 이 경우 간이 싱거워지므로 홍합 국물을 절반만 따라낸다.

6 담기

접시에 담고 이탈리아 파슬리나 송송 썬 실파를 뿌린다.

1

3

5

올리브 마리네이드 도미살구이

밑간해 구운 도미살을 오일과 올리브로 마리네이드해서 맛의 깊이를 낸 음식이에요.
도미는 비린내가 거의 나지 않는 생선이라 차게 즐겨도 맛있답니다.

재료(2인분)

- 냉동 도미살 300g
- 마늘 4쪽
- 딜 조금
- 화이트와인 3큰술
- 레몬 1/2개
- 올리브오일 1큰술
- 마리네이드 소스
  블랙·그린 올리브 5개씩
  올리브오일 4큰술
  소금·후춧가루 조금씩

만드는 방법

1 도미살 밑양념하기

냉동 도미살은 실온에서 해동해 큼직하게 자른 뒤 올리브오일 1큰술과 굵직하게 으깬 마늘, 딜 등을 얹고 와인을 끼얹어 잠시 둔다.

+ 도미살 대신 은대구살로 해도 된다. 딜은 생선과 잘 어울리는 허브인데 실파 등을 잘게 썰어 넣고 마리네이드해도 된다.

2 도미살 굽기

달군 팬에 도미살을 넣어 앞뒤로 뒤집어가며 부드럽게 익힌다.

+ 도미는 살이 연하므로 구울 때 부서지지 않도록 센 불에서 재빨리 굽는다.

3 마리네이드 소스 만들기

올리브는 반으로 자르고 딜은 적당한 길이로 뜯은 뒤 올리브오일을 넉넉히 붓고 소금·후춧가루로 간을 맞춰 소스를 만든다.

4 레몬 넣어 맛 내기

레몬은 껍질째 깨끗이 씻어 너무 크지 않게 적당한 크기로 자른 뒤 소스에 넣어 상큼한 향을 더한다.

5 구운 도미살에 소스 끼얹기

접시에 구운 도미살을 담고 만든 소스를 듬뿍 끼얹는다.

1

2

4

올리브오일 참치 타다키

참치회를 올리브오일과 레몬즙으로 마리네이드해서 차게 내는 요리입니다. 생참치 대신 냉동 참치를 사용해도 되는데, 이때는 소금물에 천천히 해동하는 게 좋아요.

재료(2인분)

- 참치회 250g
- 마늘 20쪽
- 올리브 20개
- 오이 1/2개
- 올리브오일 10큰술
- 바질잎 10장
- 레몬 1개

만드는 방법

1 참치 준비하기

참치는 붉은 살로 준비한다. 냉동하지 않은 신선한 냉장 참치면 더 좋다.

2 마늘·올리브·오이 준비하기

마늘과 올리브는 살짝 으깨고 오이는 길쭉하게 썬다.

3 마늘 굽기

팬에 올리브오일 2큰술을 두르고 마늘을 타지 않게 구워 소금·후춧가루를 뿌린다.

4 참치 굽기

마늘을 구워낸 팬에 참치를 올려 사방 겉면만 살짝 굽는다.

+ 달군 팬에 올리브오일을 두르고 한 면을 딱 5초씩만 굽는다. 너무 익히면 살이 퍽퍽해진다.

5 참치 썰기

겉면을 살짝 구운 참치를 먹기 좋은 크기로 썬다. 썬 단면이 익지 않은 상태여야 한다.

6 마리네이드해서 냉장고에 두기

우묵한 그릇에 모든 재료를 넣고 소금·후춧가루로 간한 다음 올리브오일 8큰술과 레몬즙을 넉넉히 뿌려 냉장고에 24시간 잰다.

+ 레몬 대신 발사믹 식초를 뿌려도 된다.

1

2

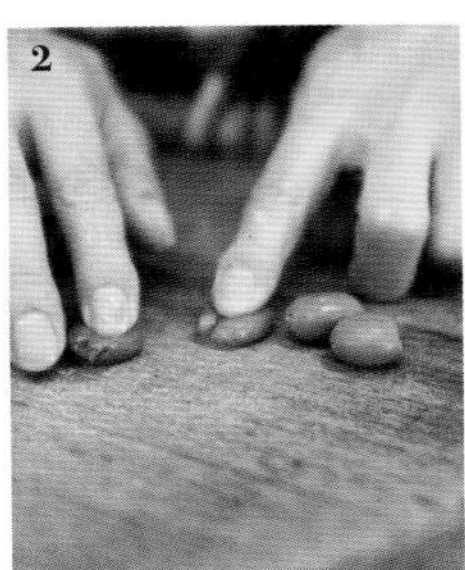

5

미트소스 가지구이

가지에 미트소스를 채우고 치즈를 듬뿍 뿌려 구우면 영양도 풍부하고 모양도 좋아 간식으로 환영받아요. 가지 외에 냉장고 속 피망이나 양파, 호박 등의 재료로 응용할 수 있어요.

재료(2인분)

- 가지 4개
- 모차렐라 치즈 100g
- 다진 이탈리아 파슬리 1큰술
- 미트소스

다진 쇠고기 100g
양파 1/4개
토마토소스 2/3컵
올리브오일 3큰술
소금·후춧가루 조금씩

만드는 방법

1 가지 속 파기

가지는 길이로 반 가른 뒤 속을 파낸다. 파낸 속은 곱게 다져서 준비한다.

+ 가지 대신 호박이나 피망 등의 채소를 이용해 변화를 줄 수 있다.

2 미트소스 만들기

달군 팬에 올리브오일을 두르고 다진 쇠고기를 볶다가 토마토소스와 다진 양파, 다진 가지 속살을 넣어 고루 섞어가며 볶는다. 중간에 소금과 후춧가루로 간을 맞춘다.

+ 다진 쇠고기 대신 닭고기나 새우살, 게살 등을 넣어도 맛있다.

3 가지에 채우기

속을 파낸 가지에 만든 ②의 미트소스를 넉넉하게 채운다.

4 치즈 얹기

가지 위에 모차렐라 치즈와 다진 파슬리를 소복하게 올리고 190℃로 예열한 오븐에 15분 정도 굽는다.

1

2

3

• 리스컴이 펴낸 책들 •

• 요리

한입에 쏙, 맛과 영양을 가득 담은 간편 도시락

김밥 주먹밥 유부초밥

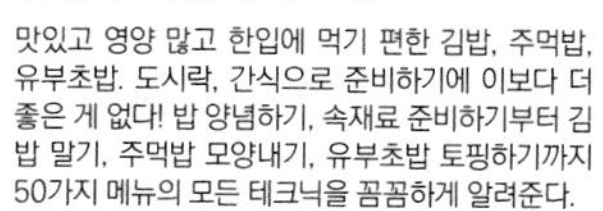

맛있고 영양 많고 한입에 먹기 편한 김밥, 주먹밥, 유부초밥. 도시락, 간식으로 준비하기에 이보다 더 좋은 게 없다! 밥 양념하기, 속재료 준비하기부터 김밥 말기, 주먹밥 모양내기, 유부초밥 토핑하기까지 50가지 메뉴의 모든 테크닉을 꼼꼼하게 알려준다.

지선아 지음 | 144쪽 | 188×230mm | 16,800원

더 오래, 더 맛있게 홈메이드 저장식 60

피클 장아찌 병조림

맛있고 건강한 홈메이드 저장식을 알려주는 레시피북. 기본 피클, 장아찌부터 아보카도장이나 낙지장 등 요즘 인기 있는 레시피까지 모두 수록했다. 제철 재료 캘린더, 조리 팁까지 꼼꼼하게 알려줘 요리

손성희 지음 | 176쪽 | 188×235mm | 18,000원

한 그릇에 영양을 담다

세계인이 사랑하는 K-푸드 비빔밥

세계인의 입맛을 사로잡은 다양한 비빔밥을 소개한다. 인기 비빔밥부터 이색적인 퓨전 비빔밥, 다이어트 비빔밥, 지역별 특색이 드러나는 전통 비빔밥까지 33가지 다채로운 비빔밥을 담았다. K-푸드를 사랑하는 외국 독자들을 위해 영어 번연판과 한식 용어 사전도 함께 수록했다.

전지영 지음 | 168쪽 | 150×205mm | 16,800원

만약에 달걀이 없었더라면 무엇으로 식탁을 차릴까

오늘도 달걀

값싸고 영양 많은 완전식품 달걀을 더 맛있게 즐길 수 있는 달걀 요리 레시피북. 가벼운 한 끼부터 든든한 별식, 밥반찬, 간식과 디저트, 음료까지 맛있는 달걀 요리 63가지를 담았다. 레시피가 간단하고 기본 조리법과 소스 등도 알려줘 누구나 쉽게 만들 수 있다.

손성희 지음 | 136쪽 | 188×245mm | 14,000원

그대로 따라 하면 엄마가 해주시던 바로 그 맛

한복선의 엄마의 밥상

일상 반찬, 찌개와 국, 별미 요리, 한 그릇 요리, 김치 등 웬만한 요리 레시피는 다 들어있어 기본 요리 실력 다지기부터 매일 밥상 차리기까지 이 책 한 권이면 충분하다. 누구나 그대로 따라 하기만 하면 엄마가 해주시던 바로 그 맛을 낼 수 있다.

한복선 지음 | 312쪽 | 188×245mm | 16,800원

점심 한 끼만 잘 지켜도 살이 빠진다

하루 한 끼 다이어트 도시락

맛있게 먹으면서 건강하게 살을 빼는 다이어트 도시락. 영양은 가득하고 칼로리는 200~300kcal대로 맞춘 저칼로리 도시락으로, 샐러드, 샌드위치, 별식, 기본 도시락 등 다양한 메뉴를 담았다. 다이어트 도시락을 쉽고 맛있게 싸는 알찬 정보도 가득하다.

최승주 지음 | 176쪽 | 188×245mm | 15,000원

대한민국 대표 요리선생님에게 배우는 요리 기본기

한복선의 요리 백과 338

칼 다루기부터 썰기, 계량하기, 재료를 손질·보관하는 요령까지 요리의 기본을 확실히 잡아주고 국·찌개·구이·조림·나물 등 다양한 조리법으로 맛 내는 비법을 알려준다. 매일 반찬부터 별식까지 웬만한 요리는 다 들어있어 매일매일 집에서 맛있는 식사를 즐길 수 있다.

한복선 지음 | 352쪽 | 188×254mm | 22,000원

먹을수록 건강해진다!

나물로 차리는 건강밥상

생나물, 무침나물, 볶음나물 등 나물 레시피 107가지를 소개한다. 기본 나물부터 토속 나물까지 다양한 나물반찬과 비빔밥, 김밥, 파스타 등 나물로 만드는 별미요리를 담았다. 메뉴마다 영양과 효능을 소개하고, 월별 제철 나물, 나물요리의 기본 요령도 알려준다.

리스컴 편집부 | 160쪽 | 188×245mm | 12,000원

건강을 담은 한 그릇

맛있다, 죽

맛있고 먹기 좋은 죽을 아침 죽, 영양죽, 다이어트 죽, 양죽으로 나눠 소개한다. 만들기 쉬울 뿐 아니라 조류가 다양하고 재료의 영양과 효능까지 알려줘 건강관리에 도움이 된다. 스트레스에 시달리는 현대인의 식사로, 건강식으로 준비하면 좋다.

한복선 지음 | 176쪽 | 188×245mm | 16,000원

맛있게 시작하는 비건 라이프

비건 테이블

누구나 쉽게 맛있는 채식을 시작할 수 있도록 돕는 비건 레시피북. 요즘 핫한 스무디 볼부터 파스타, 햄버그스테이크, 아이스크림까지 88가지 맛있고 다양한 비건 요리를 소개한다. 건강한 식단 비건 구성법, 자주 쓰이는 재료 등 채식을 시작하는 데 필요한 정보도 담겨있다.

소나영 지음 | 200쪽 | 188×245mm | 15,000원

• 에세이

꽃과 같은 당신에게 전하는 마음의 선물

꽃말 365

365일의 탄생화와 꽃말을 소개하고, 따뜻한 일상 이야기를 통해 인생을 '잘' 살아가는 방법을 알려주는 책. 두 딸의 엄마인 저자는 꽃말과 함께 평범한 일상 속에서 소중함을 찾고 삶을 아름답게 가꿔가는 지혜를 전해준다. 마음에 닿는 하루 한 줄 명언도 담았다.

조서윤 지음 | 정은희 그림 | 392쪽 | 130×200mm | 16,000원

뇌 건강에 좋은 꽃그림 그리기

사계절 꽃 컬러링북

꽃그림을 색칠하며 뇌 건강을 지키는 컬러링북. 컬러링은 인지 능력을 높이기 때문에 시니어들의 뇌 건강을 지키는 취미로 안성맞춤이다. 이 책은 색연필을 사용해 누구나 쉽고 재미있게 색칠할 수 있다. 꽃그림을 직접 그려 선물할 수 있는 포스트 카드도 담았다.

정은희 지음 | 96쪽 | 210×265mm | 13,000원

여행에 색을 입히다

꼭 가보고 싶은 유럽 컬러링북

아름다운 유럽의 풍경 28개를 색칠하는 컬러링북. 초보자도 다루기 쉬운 색연필을 사용해 누구나 멋진 작품을 완성할 수 있다. 꿈꿔왔던 여행을 상상하고 행복했던 추억을 떠올리며 색칠하다 보면 편안하고 따뜻한 힐링의 시간을 보낼 수 있다.

정은희 지음 | 72쪽 | 210×265mm | 13,000원

소소하지만 의미 있게, 외롭지 않고 담담하게

오늘은 이렇게 보냈습니다

〈카모메 식당〉의 저자 무레 요코가 들려주는 '컬러풀한 일상을 만들어가기 위한 삶의 힌트'. 평소 '물건 줄이기', '불필요한 것 하지 않기'를 실천하는 그녀가 먹고 읽고 보고 느낀 것들을 공개한다. 익숙한 일상 속에서도 기쁨은 얼마든지 발견할 수 있다는 깨달음을 주는 책.

무레 요코 지음 | 손민수 옮김 | 130×200 | 16,800원

성인 자녀가 부모와 단절하는 원인과
갈등을 회복하는 방법

자녀는 왜 부모를 거부하는가

최근 부모 자식 간 관계 단절 현상이 늘고 있다. 심리학자인 저자가 자신의 경험과 상담 사례를 바탕으로 그 원인을 찾고 해답을 제시한다. 성인이 되어 부모와 인연을 끊는 자녀들의 심리와, 그로 인해 고통받는 부모에 대한 위로, 부모와 자녀 간의 화해 방법이 담겨있다.

조슈아 콜먼 지음 | 328쪽 | 152×223mm | 16,000원

• 건강

반듯하고 꼿꼿한 몸매를 유지하는 비결

등 한번 쫙 펴고 삽시다

최신 해부학에 근거해 바른 자세를 만들어주는 간단한 체조법과 스트레칭 방법을 소개한다. 누구나 쉽게 따라 할 수 있고 꾸준히 실천할 수 있는 1분 프로그램으로 구성되었다. 의사가 직접 개발한 비법 운동으로 1주일만에 개선 효과를 확인할 수 있다.

타카히라 나오노부 지음 | 박예수 감수 | 168쪽 | 152×223mm | 16,800원

아침 5분, 저녁 10분

스트레칭이면 충분하다

몸은 튼튼하게 몸매는 탄력 있게 가꿀 수 있는 스트레칭 동작을 담은 책. 아침 5분, 저녁 10분이라도 꾸준히 스트레칭하면 하루하루가 몰라보게 달라질 것이다. 아침저녁 동작은 5분을 기본으로 구성하고 좀 더 체계적인 스트레칭 동작을 위해 10분, 20분 과정도 소개했다.

박서희 감수 | 152쪽 | 188×245mm | 13,000원

통증 다스리고 체형 바로잡는

간단 속근육 운동

통증의 원인은 속근육에 있다. 한의사이자 헬스 트레이너가 통증을 근본부터 해결하는 속근육 운동법을 알려준다. 마사지로 풀고, 스트레칭으로 늘이고, 운동으로 힘을 키우는 3단계 운동법으로, 통증 완화는 물론 나이 들어서도 아프지 않고 지낼 수 있는 건강관리법이다.

이용현 지음 | 156쪽 | 182×235mm | 12,000원

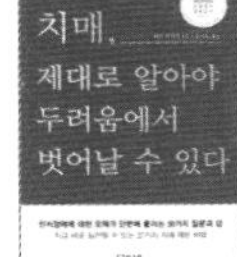

치매, 제대로 알아야 두려움에서 벗어날 수 있다

사람들은 치매에 대해 막연한 두려움을 가지고 있다. 치매 공포증은 치매에 대한 어설픈 지식이나 오해에서 비롯된다. 30년 이상 치매 환자의 임상 치료를 해온 전문가가 치매에 대해 궁금증을 Q&A 형식으로 알려줘 인지장애에 대한 오해를 단번에 풀어준다.

와다 히데키 지음 | 240쪽 | 153×224mm | 15,000원

파킨슨병 전문가가 알려주는 파킨슨병 완벽 가이드북

파킨슨병

파킨슨병 환자와 가족을 위한 지침서. 파킨슨병을 앓는 환자들도 삶을 즐길 수 있도록 치료법과 생활습관법 등을 담았다. 다양한 증상을 알기 쉽게 정리했고, 운동요법, 생활습관, 가족들이 알아야 할 유용한 팁 등 파킨슨병 환자들에게 도움이 되는 정보들이 가득하다.

사쿠나 마나부 감수 | 조기호 옮김 | 160쪽 | 152×225mm | 16,800원

집에서 손쉽게 만드는 이탈리안 가정식

오늘의 파스타

지은이 | 최승주
어시스트 | 김보선 김광선

사진 | 최해성

편집 | 김소연 이희진 양가현
디자인 | 한송이
마케팅 | 장기봉 이진목 김슬기

인쇄 | 금강인쇄

초판 인쇄 | 2024년 10월 11일
초판 발행 | 2024년 10월 18일

펴낸이 | 이진희
펴낸곳 | (주)리스컴

주소 | 서울시 강남구 테헤란로87길 22, 7151호(삼성동, 한국도심공항)
전화번호 | 대표번호 02-540-5192
편집부 02-544-5194
FAX | 0504-479-4222
등록번호 | 제2-3348

ISBN 979-11-5616-785-3 13590
책값은 뒤표지에 있습니다.